고려대학교의 건축

고려대학교의 건축

Architecture of Korea University

김현섭

KOREA
UNIVERSITY
PRESS
고려대학교
출판문화원

머리말

> **後世에, 韓國의 建築史를 編纂하는 史家가 나오면 이 時代에 이 GRANITE의 合成體를 看過치 않으리라고 나는 壯談하고 싶은 心情이다.**
>
> **— 박동진, 「GRANITE의 辯: 仁村 金性洙 先生과 나」, 『高大新聞』, 1955.5.16**

고려대학교에서 건축사를 연구하고 가르친다는 것은 글쓴이에게 대단한 행운이라 말하지 않을 수 없다. 모교에서 근무한다는 개인적 차원의 까닭도 없지 않으나 고려대학교가 가진 풍부한 건축 자산과 아름다운 캠퍼스 전경이 그 못지않게 중요한 이유이다. 사적(史蹟)으로 지정된 본관(285호)과 도서관(286호), 그리고 서관을 중심으로 펼쳐진 고풍스런 석탑의 장려함에 눈길을 빼앗겼던 이가 어디 한둘이랴. 또한 본관 뒤편의 계단을 오를 때 차츰차츰 모습을 드러내던 중세풍 건물의 위용은 학창 시절의 글쓴이를 매료시키고도 남았다. (글쓴이는 이것이 인촌기념관이라는 사실과 이 건물이 생각과 달리 '아쉽게도' 비교적 근래에 세워졌다는 사실을 나중에야 알게 되었다.) 인촌 김성수 선생은 암울했던 시절 가운데에서도 일본인이든 서양인이든 방문객이 있으면 기필코 안암의 석탑 앞으로 데리고 와 자랑했었다고 하는데, 그 심정을 충분히 이해할 수 있을 것 같다.

고려대학교 건축물의 역사를 정리해 보아야겠다는 생각은 2008년 봄, 학교에 임용되면서 상당히 구체적으로 진척되었다. 여기에는 오랫동안 가져 왔던 개인적 관심 이외에도 몇 가지 배경이 있었다. 우선은 고려대학교가 2005년, 개교 100주년을 기념해 『고려대학교 100년사』 등 몇몇 중요한 출판물을 발간했음에도 불구하고 건축물에 대한 제대로 된 해설은 찾아보기 힘들었다는 상황을 들 수 있다. 그리고 새로운 건물이 속속 들어서는 가운데 이전의 많은 건물이 사라지고 있기 때문에 건축사 교수로서 이를 기록하지 않으면 안 되겠다는 나름의 사명감도 있었다. 이에 더해 직접적인 계기도 있었는데, 2008년 가을 서울시의 한 단체를 맞이해 캠퍼스 가이드를 담당했던 일이다. 그때 준비했던 몇 장에 불과한 카탈로그는 이 프로젝트를 위한 씨앗이었다고 할 수 있는데, 점점 더 늘어나는 외부 방문객을 보며 제대로 된 안내서의 필요성을 느끼게 되었다.

그 후 틈틈이 자료를 모았고, 『고대신문』에 관련 글을 몇 편 기고하기도 했으며, 한국건축역사학회에 보성전문 도서관의 건축 연원에 관한 논문을 발표하기도 했다. 그런 가운데 2011년 여름 이 책의 집필이 시작되어 이듬해 봄 출판문화원에 초고를 넘길 수 있었다. 그리고 2014년 여름 출판을 위한 모든 준비가 일단락되었는데 몇 가지 사정으로 출판이 미뤄지게 되었고, 그 사이 일 년 반여 동안 『고대교우회보』에 주요 내용을 연재하기도 하였다. 돌이켜 보면 초고를 완성한 때부터 4년 가까이가 지나서야 비로소 작업을 마무리 한 셈이다. 그 사이 수차례에 걸친 퇴고와 교정, 편집 작업이 있었고, 바쁜 일정으로 글쓴이와 출판문화원 모두 이 일에서 장시간 손을 떼기도 했었다. 건물의 계속된 신축 및 철거로 원고는 계속해서 수정되어야 했고, 글쓴이는 카메라를 둘러메고 신축 건물로 달려가 셔터를 눌러야 했다. 변변치 않은 책일지라도 세상의 빛을 보는 데에는 넘어야 할 난관이 적지 않음을 깨달았던 소중한 기회였다고 하겠다.

이 책은 크게 두 부분으로 나뉜다. 전반부는 말 그대로 건축물의 역사이다. 한 세기가 넘는 건축의 흐름은 다섯 시기로 구분되는데, 첫째는 보성전문학교 설립부터 안암동으로 이사 오기 전까지의 시기(1905–34)이다. 이때의 보성전문은 서울 종로구 일대의 몇몇 한옥과 양옥 건물을 전전하며 지금과는 전혀 다른 건축 환경에 처해 있었다. 둘째는 안암동 시대가 개막하고 본관–도서관–서관으로 고대 석탑의 '삼부구성'이 완성된 시기(1934–60)로서, 석조고딕의 모티프와 건축가 박동진의 역할이 두드러졌던 때이다. 셋째는 캠퍼스에 근대주의 건축물이 들어서고 마스터플래닝이 처음 도입된 시기(1960-85)로서, 1965년 고려대학교 건축과의 첫 전임교원으로 부임한 이정덕 교수의 역할이 지대했다. 넷째는 캠퍼스가 확장되고 건축물이 현대화된 시기(1985-2000)이다. 이 시기에는 조치원의 세종캠퍼스(당시 서창캠퍼스)가 자리를 잡아 나갔을 뿐만 아니라 안암의 녹지캠퍼스가 개발되었고, 자연계 캠퍼스에서는 테크노콤플렉스의 준공으로 인해 과학고대의 이미지가 중요한 건축적 이슈였다. 마지막 다섯째로는 새천년에 들어선 후부터 지금까지의 시기인데, 100주년 기념사업의 일환으로 진행된 건축 프로젝트와 여타 건물 신축으로 캠퍼스가 새롭게 단장되었다. 특히 기존 권위를 탈피하여 모두에게 개방된 중앙광장을 조성한 것은 대학 캠퍼스 건축에 선도적 패러다임을 제시했다고 하겠다. 이를 바탕으로 첨단 건축물들이 지금까지도 속속 들어서며 세계고대 1000년을 향해 발돋움하고 있다. 전반부의 5개 장은 각각의 시기를 개괄한 후 당대를 규정할 만한 건축물을 선정해 서술하는 방식을 취했다. 글쓴이의 주관이 당연히 개입할 수밖에 없었지만, 역사 서술이란 본질적으로 선택적이다. 이와 같은 고려대학교 건축사는 건축물의 역사를 넘어선 고려대학교 전체의 역사로도 읽힐 수 있을 뿐만 아니라, 또 다른 측면으로는 (다소 온건하긴 하나) 우리나라 근현대 건축사의 축소판으로도 간주될 수 있을 것으로 보인다.

한편, 이 책의 후반부에는 현존 건축물의 일람을 담았다. 고려대학교는 크게 안암캠퍼스와 세종캠퍼스로 구성되는데, 이 책은 서울 안암동의 인문사회계, 자연계, 녹지캠퍼스의 건물로 그 대상을 국한했다. 세종캠퍼스와 서울의 정릉캠퍼스를 다루지 못함은 글쓴이의 한계로 인함이지만, 추후 보완할 기회가 있을 것으로 생각한다. 이 건축물 일람은 신축된 순서에 따라 정리되었고, 리모델링된 경우에도 원래 건물의 건립연대를 그 기준으로 하였다. 각 건축물 소개는 글쓴이가 직접 촬영한 사진과 더불어 건축연대, 규모, 구조, 마감, 설계자, 시공자 등의 기본 항목을 싣고 있다. 이러한 건축 개요는 학교의 건축물대장을 비롯하여 곳곳에 흩어진 문헌을 찾아 기록한 것으로 최대한 정확한 정보만을 담으려 노력했다. 그러나 기존 자료에서 빈번히 발견하게 되는 비일관성이나 주요 정보의 누락으로 인해 이 일람에도 크고 작은 오류가 나타날 수 있다. 결국 모든 책임은 글쓴이의 몫으로, 이 역시 앞으로 바로잡을 수 있기를 기대한다. 그럼에도 불구하고 이 책에 수록된 건축물 일람은 첨부된 캠퍼스 안내도와 함께 고려대학교의 건축에 관심을 둔 모든 이에게 훌륭한 가이드로서 역할할 수 있을 것이라 확신한다.

얇은 책이지만 이 책의 출판까지에는 많은 이들의 도움이 있었다. 먼저 고려대학교 건축사 저술의 필요성을 인식하고 후원해 주신 그간의 총장님들과 유관 처장님들께 깊은 사의를 표한다. 그리고 수익성 없는 책의 출판을 맡아 주신 고려대학교출판문화원에도 고마움을 전하고 싶다. 이 분들 이외에도 실제의 조사와 연구에 도움을 주신 이들이 있다. 특히 고려대학교 박물관 교사자료실의 김상덕 과장님은 보성전문의 옛 자료를 찾아볼 수 있도록 도와주셨고, 여러 귀한 이미지를 전송해 주셨다. 시설부의 김홍덕 과장님은 바쁜 와중에도 글쓴이의 계속되는 자료 요청을 거부하지 않으셨다. 연구실 제자들의 도움 역시 빠뜨릴 수 없는데, 초기의 자료 정리에는 곽승 군이, 막바지의 도면 제작에는 이용희 군이 도와주었다. 모두에게 감사의 마음을 전한다. 한편, 앞서도 잠깐 언급했지만, 이 책의 주요 내용은 「고려대학교의 건축물과 역사」라는 제목 아래 2014년 6월부터 2015년 12월까지 19회에 걸쳐 『고대교우회보』에 연재되었다. 지면을 허락해 주신 교우회와 관심을 보이신 독자제현께도 다시 한 번 깊이 감사드린다.

고려대학교 건축의 주춧돌을 놓았던 박동진 선생은 1955년 개교 50주년을 기념하며 후대의 한국건축사가가 본교 GRANITE의 가치를 잊지 않을 것이라 서술한 바 있다. 글쓴이가 감히 그의 예견에 부응할 만한 위치에 있다고는 아직 말할 수 없지만, 이 책이 앞으로의 더 큰 건축사 서술을 향한 작은 밑거름이 되길 소망해 본다.

2016년 2월
자연계 캠퍼스 공학관 3층 연구실에서
김현섭

고려대학교의 건축
Korea University Architecture

차례

I. 고려대학교 건축사

1. 보성전문의 한옥교사와 양옥교사: 1905-34년

'고려대학교' 하면 우리는 자연스레 고딕풍 석조건축물을 떠올린다. 그러나 고려대학교의 전신인 보성전문이 처음부터 고딕의 석조건축과 함께했던 것은 아니다. 안암동의 본관이 완공된 때는 1934년 9월. 그렇다면 그 전의 학교 건물은 어떠했을까? 한번쯤 반문해 봤을 법하다. 이를 살피기 위해 우리는 보성전문의 설립 시기로 거슬러 올라가야 한다. 그때부터 안암동 시대가 개막되기 전까지, 보성전문은 30년에 가까운 기간 동안 서울 종로구 일대의 몇몇 건물을 거친다. 이젠 그 자취를 돌아볼 만한 여유를 가져 보자. 시작은 우리의 전통 한옥이었다.

1) 수송동 전 러시아어학교의 한옥교사: 1905.4-1914.6

고려대학교의 전신인 사립보성전문학교(私立普成專門學校)는 1905년 4월 3일, 대한제국의 내장원경인 충숙공 이용익(李容翊)에 의해 설립되었다. 그는 주변 열강들의 틈바구니 속에서 나라를 구할 길은 오직 교육에 있다는 교육구국의 꿈을 품고 전문·중학·소학의 대교육체계안을 마련하였다. 고종황제가 이에 크게 기뻐하며 '넓을 보(普)에, 이룰 성(成), 널리 이룬다'는 교명을 하사한 것이다. 이용익의 계획에 따라 보성전문과 보성소학교가 함께 개교했다. 그리고 이듬해 9월에는 보성중학교도 문을 열게 된다.

보성전문의 첫 교사(校舍)는 지금의 조계사 옆인 종로구 수송동 46번지, 즉 당시의 박동(礴洞) 10통 1호에 있던 전 러시아어학교였다. 이 5년제 관립학교는 일본어, 중국어, 영어, 프랑스어, 독일어 등을 가르치던 다른 학교와 마찬가지로 외국어학교관제에 의해 설립되었다. 1896년 개교 시 51명의 학생으로 시작했던 이 학교는 곧 88명까지 인원이 늘기도 했다. 그러나 1904년 러일전쟁이 일어나자 일본의 압력으로 곧 폐교되었는데, 보성전문 및 소학교가 이를 사용한 것이다. 당시의 학교 건물에 대한 자세한 상황은 알려져 있지 않다. 다만 보성학교 개교 초기의 것으로 짐작되는 사진이 한 장 남아 있을 뿐이다. 이 사진[그림 1-3]은 전 러시아어학교 건물이 전형적인 한옥임을 말해 준다. 그러나 모두 몇 채의 건물로 구성되었는지는 여기에서 알 수 없다. 그리고 사진에 나타난 건물의 지붕은 처마끝이 모호하여 그 형식이 팔작지붕인지 맞배지붕인지도 불확실하다. 하지만 건물의 몸채는 정면 세 칸의 소규모인 것으로 파악된다. 이에 비해 마당은 상대적으로 넓었던 것으로 보인다. 따라서 좁은 실내에 비해 많은 인원을 수용할 수 있었다. 사진을 통해 우리는 학교의 대규모 모임 시에 차양과 천막을 치고 행사를 진행했음을 확인할 수 있다. 그럼에도 불구하고 개교 첫 해인 1905년, 보성전문에만도 법률학전문과와 이재학(경제학)전문과를 중심으로 100명에 가까운 학생이 재학하였으니(『皇城新聞』, 1905.5.31), 그 공간은 상당히 협소했을 것으로 추측할 수 있다. 따라서 1906년의 창립 1주년 기념식이나 이듬해 거행된 제1회 졸업식 등 이후의 큰 행사를 위해서는 교외의 적절한 장소를 활용해야만 했다.

한편, 보성중학교 개교 두 달 전인 1906년 7월, 보성학원은 이 건물과 이웃한 가옥 200여 칸을 매입하여 교사를 확장한다(『普成80年史』, 1986). 보성전문 및 소학교만으로도 공간이 부족했을 뿐만 아니라, 보성중학교 1회 입학생 246명을 맞이해야 했기 때문이다. 결국 보성전문은 더 큰 울타리 속에서 소학교·중학교와 함께 생활해 나가게 된 것이다.

1-1 보성전문의 설립자 충숙공 이용익 선생 흉상,
현 고려대학교 중앙도서관(대학원) 앞

1-2 대한제국 황실을 상징한 초창기 이화장 모표 및 교기

1-3 보성전문이 사용한 첫 건물인 수송동의 전 러시아어학교

1-4 외부에서 거행된 1907년 2월의 제1회 졸업식

2) 수송동 목조 신축교사: 1914.10-1918.8

1910년 한일 강제병합으로 가속화된 일제 무단통치는 학교의 경영과 재정 상황에도 큰 압박을 주었다. 우여곡절 끝에 의암 손병희 선생과 천도교 측이 1910년 12월 학교를 인수함으로써 그 난국을 타개할 수 있었다. 그 후 학생 수는 점점 더 증가하였고, 지금까지 사용하던 교사는 더 이상 모든 학생을 수용할 수 없는 상황까지 이르게 된다. 결국 보성학원은 구교사를 헐고 그 자리에 새로운 학교 건물을 지을 것을 결정한다. 목조의 2층 양옥으로 계획된 신축교사는 1914년 6월 착공되어 10월 말 낙성식을 보게 되었다. 『매일신보』(1914.10.31)는 이 건물의 웅장함[巍然]을 닭 무리 가운데 우뚝 선 학의 위상[鷄群鶴立]으로 묘사한다. 그리고 당시 보성중학교 교장이던 최린의 말을 인용하며 교사 건축 전후의 상황을 요약해 보여 준다. "지금까지의 본교 교사는 원래 교사로 건축한 것이 아니라 주택으로 건축한 것을 일부 개수하여 사용한 것입니다. 따라서 불편한 점이 많았고 교육상에도 다소의 불편을 면할 수 없었습니다. 이번에 거액의 경비를 들여 교사를 신축하였는데, 오늘 낙성식을 보게 되었습니다."

이 건물의 규모가 제법 상당했음은 남아 있는 사진을 통해서도 확인할 수 있다. 무엇보다 신축교사는 그 앞에 넓은 운동장을 확보했으며 주변의 구조물에 비해 우뚝 솟아 있다. 건물 앞 사람들의 키와 비교하더라도 1층의 높이가 성인 키의 2-3배가 족히 됨을 알 수 있다. 그리고 건물 자체는 운동장보다 세 층계 높여진 단 위에 세워졌는데, 이는 건물을 기단 위에 앉히는 우리나라의 전통적 배치수법을 연상시킨다. 그러나 규모 못지않게 눈에 띄는 것은 이 건물이 차용한 서양식의 목조건축 타입이다. 특히 모서리를 비롯한 프레임에 구별된 목재를 사용하고 그 사이 부분을 수평 비늘벽으로 처리한 점은 미국식 콜로니얼 양식에 자주 나타나는 요소이다. 그리고 건물 정면으로 판단컨대 평면은 좌우대칭의 ㄷ자 형태이며, 정중앙의 출입구와 지붕 박공면 및 굴뚝이 그 대칭성을 강화시킨다. 하지만 이러한 고전주의적 권위에도 불구하고, 이 건물은 (당시 멀지 않은 거리에

1-5 교문 밖에서 본 수송동 신축교사와 운동장

현존하던 명동성당(1898)이나 대한의원(1907), 조선은행(1912) 등의 건물에 비하면) 기념비성이 그리 크지는 않다고 하겠다. 화려한 치장 없이 목조건물로 단정히 교사를 건축한 것은 당시의 상황을 반영한 현실적인 선택이었을 것이다. 이로써 공사비를 줄일 수 있고 공사기간을 단축할 수 있기 때문이다. 그리고 이런 선택은 실용적 신학문을 추구하는 근대 교육기관의 성격과도 부합하는 바였다.

한편, 목조 교사 우측 날개 앞에는 보성학교 출판사였던 보성사(普成社)가 벽돌조 2층 건물로 자리하고 있다.[그림 1-9] 3·1운동 당시 기미독립선언서를 인쇄한 곳이 바로 보성사였음은 익히 알려진 사실이다. 보성학원의 전문학·중학·소학교가 보성사와 함께 둥지를 틀고 있다는 사실도 교문의 명패로 확인할 수 있다. 수송동 시대 후기에 촬영된 것으로 보이는 사진을 하나 보자.[그림1-5] 당시 보성전문은 일제에 의해 사립보성법률상업학교(私立普成法律商業學校)로 강등되었으며, 보성중학교와 보성소학교는 각각 사립보성고등보통학교(私立普成高等普通學校)와 사립보성초등학교(私立普成初等學校)라는 교명을 사용하고 있었다. 이 교문은 중앙의 넓은 문과 양측의 좁은 문으로 구분되어 있다. 그리고 전체 교지를 둘러싸는 담장이 벽돌조로 되어 있는 점도 주목할 만하다. 더불어 문 옆 부속 건물이 서양식의 본관과 달리 전통 기와지붕을 가진 점이 눈에 띄는데, 이와 대비되는 담장 밖 게시판의 단출한 지붕 조형도 흥미롭다. 운동장은 넓었던 만큼 다양한 체육행사가 있었다. 이를 통해 당시 체력단련이 지식의 함양 못지않게 중시되었음을 알 수 있다. 이때의 체육활동을 촬영한 사진은 여럿 남아 있다. 그중 하나는 '보성전문학교 보성학교 보성초등학교 운동장'이라 적힌 사진엽서이다.[그림 1-11] 그리고 또 다른 하나는 야구경기 중의 사진으로서,[그림 1-12] 담장 너머 인접한 일본식의 각황사(覺皇寺) 전경을 잘 보여 준다.

1-6 의암 손병희 선생 흉상, 현 고려대학교 서관 앞

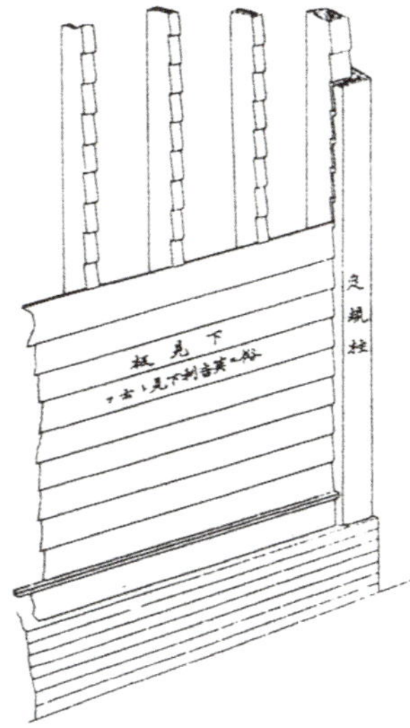

1-8 미국 콜로니얼 양식의 목조 건축 구조 상세도

1-7 좌우대칭의 고전적 구성을 보여 주는 콜로니얼 양식의 수송동 목조 신축교사

1-9 수송동 목조 교사 우측 전면에 선 벽돌조 2층 보성사 건물

1-10 1915년 영어수업 광경

1-11 수송동 교사 운동장을 찍은 사진엽서. 하단에 '보성전문학교 보성학교 보성초등학교 운동장'이라 적혀 있다

1-12 1916년경 야구경기 중의 사진. 담장 너머 각황사의 모습도 보인다

3) 낙원동 전 오성학교 벽돌조 교사: 1918.9-1922.8

새로운 도약을 모색하던 보성전문은 1918년 9월, 12년을 함께하던 보성중학과 작별하고 낙원동의 전 오성학교(五星學校) 교사로 이사한다. 1907-08년에 세워진 이 건물은 원래 1908년 설립된 애국문화계몽 단체인 서북학회의 회관으로서, 이 단체가 1910년 여기에서 오성학교를 출범시켰던 것이다. 천도교 측은 이 건물을 서북 5도 대표자들로부터 임차하였고, 보성전문은 이를 수리하여 1922년까지 4년간 사용하게 된다. 보성전문 이후에는 협성학교를 비롯한 여러 기관이 이 건물을 사용하였다. 그리고 1956년에 건국대학교의 현 캠퍼스로 옮겨졌고 지금은 그 학교 박물관으로 쓰이고 있다. 등록문화재 제53호로 지정된 이 건물은, 안암캠퍼스 이전에 보성전문이 사용한 건물로서는 유일하게 현존한다. 이 낙원동 교사는 벽돌조의 반지하 1층, 지상 2층 건물로서 캐나다 건축가인 헨리 고든(Henry B. Gordon, 1855-1951)에 의해 설계되었다(김동욱, 『한국건축의 역사』, 2007). 고든은 당시 우리나라에서 활동하던 여러 서양인 건축가들 가운데 한 명으로 기독교 선교 사역과 관련된 건축일을 주로 맡았다. 그 예로 승동교회(1904), 세브란스병원(1905-10), 새문안교회(1907-10) 등을 들 수 있다.

이 건물은 붉은 벽돌이 주조를 이루고 있고, 모서리에 코너스톤(corner stone)이 구조적인 측면과 시각적인 측면에서 보강을 하고 있다. 그리고 개구부 아치의 돌장식이나 상하로 여닫는 새시 창(sash window)도 주요 의장 요소이다. 지붕은 사방으로 처마선을 살린 우진각 형태를 이룬다. 이러한 건축 어휘는 18세기 초 영국의 건축가 크리스토퍼 렌(Christopher Wren)의 영향하에 발전하여 19세기 말 다양한 변이를 보이며 부흥한 양식이다. 일명 '퀸앤 스타일(Queen Anne Style)'로 불리기도 한다. 이 양식은 미국 등 여타 나라에도 영향을 미쳤고 근대주의를 수용하기 이전의 콜로니얼 건축에도 많이 차용되었다. 그리고 근대 일본이나 우리나라의 양풍 건축물에도 자주 발견된다. 이러한 배경하에 낙원동 교사에서 가장 두드러진 요소는 중앙에 돌출되어 세워진 3층탑이다. 아치 개구부로 형성된 1층과 2층은 각각 계단을 둔 출입구와 난간이 설치된 베란다로 설계되었다. 그리고 3층에는 원형창을 두고 있다. 한편, 정사각형을 밑면으로 하는 돔형 사각 지붕은 건물 전체 지붕과 대비된다. 전체적으로 보면 중앙탑을 중심으로 정갈한 좌우 대칭을 이루는데, 우측 지붕 전면에 솟은 굴뚝만이 이 질서에 변화를 부여한다. 이 건물은 1901년 10월 종로 2가에 세워졌던 한성전기회사[그림 1-17]를 모델로 삼았다고 한다. 실제 둘의 양식과 구성은 상당 부분 닮은꼴이다. 다만 전 오성학교 교사가 좀 더 단순하여 소박한 맛을 보여 준다고 하겠다.

1-13 전 오성학교(구 서북학회 회관)에 둥지를 튼 보성전문의 낙원동 교사

1-14 낙원동의 교정에서 정구를 즐기는 학생들

1-15 1920년경의 상과 강의실. V자 형의 책상 배치가 이채롭다

1-16 건국대학교 박물관으로 사용되고 있는 낙원동 교사의 현재 모습

1-17 서북학회 회관의 모델이 된 종로 2가의 한성전기회사 (1901년 10월 준공)

4) 송현동 구 천도교 본부 목조 교사+벽돌조 교사: 1922.9-1934.9

1922년 9월 보성전문은 낙원동을 떠난다. 새로운 목적지는 경복궁 옆의 송현동에 있는 옛 천도교 본부였다. 천도교 중앙대교당이 1921년 2월 경운동에 완공되어 천도교 본부가 이전하였기 때문에, 보성전문이 천도교의 구 본부를 사용할 수 있게 된 것이다. 새 보금자리는 약 600평의 대지와 그 위에 서 있는 두 동의 서양식 건물이었다. 건물은 모두 2층 규모였지만 각각 목조와 벽돌조로 이루어졌다. 이질적인 건축물이 한 울타리 내에 공존했던 셈이다. 사진을 통해서는 알 수 없지만 목조 건물에는 교장실, 사무실, 교원실, 1학년 교실, 강당 겸용의 합동교실이 있었고, 벽돌 건물에는 2, 3학년 교실이 있었다고 전한다(兪鎭午, 『養虎記』, 1977). 그리고 벽돌 건물 앞은 테니스 코트로도 사용했다.

목조 건물은 L-자형의 꺾인 평면을 가졌고, 정문과 가까운 쪽 모서리에 출입구가 위치했다. 그리고 수송동 교사에서처럼 창문 이외의 부분은 수평 비늘벽

으로 되어 있다. 이 건물은 대칭성에서 벗어난 자유로운 인상을 준다. 특히 건물의 각 면이 다른 크기와 형태의 창문을 가지고 있다. 따라서 이 건물은 목조식이라는 측면에서 수송동 교사를 연상시킴에도 불구하고 그에 비해 다소 정리되지 못한 느낌을 준다. 벽돌조 건물은 목조 건물보다 약간 뒤로 물러서서, 교문 안쪽편의 바로 오른쪽 자리에 배치되어 있다. 목조 건물에 비해 조금 작은 이 벽돌 건물은 중앙으로부터 약간 좌측에 출입구를 두었고, 창문의 배열 역시 대칭성을 벗어났다. 그러나 붉은 벽돌이나 창문 아치의 치장 석재 사용이 두드러져 낙원동 교사를 연상시킨다. 그리고 낙원동의 코너스톤과 다르긴 하지만 모서리 기둥이 벽돌면의 프레임을 구성하는 측면에서도 역시 닮은꼴이다. 여기에서 가장 흥미로운 점은 천도교 본부 시절부터 덧붙여져 있었던 것으로 보이는 베란다의 존재이다. 이 베란다는 출입구 포치를 포함한 정면 좌측의 1, 2층 모두를 감싸고 있었다. 이로 인해 2층의 주요 조형 요소였던 아치 창문 세 개가 가려졌는데, 대신 베란다 면을 구획하는 아케이드가 안쪽 아치의 존재를 넌지시 말해 주는 듯하다.

1-18 송현동 교사의 초기 모습, 좌측의 목조 교사와 우측의 벽돌 교사로 구성되었다. 왼쪽 사진은 교문 밖으로부터의 조망, 오른쪽 사진은 운동장 쪽에서의 조망

1-19 1925년경 이후의 송현동 교사 모습, 벽돌 교사의 베란다가 제거되었다

1-20 목조 교사와 벽돌조 교사 사이를 이어 주는 통로

1-21 벽돌조 교사 앞의 테니스 코트

1-22 목조 교사의 법과 수업 풍경

그러나 2층 아케이드의 리듬과 그 안쪽 아치 창의 배열이 일치하지 않아 다소 산만한 느낌을 준다. 이 아케이드의 리듬은 1층 개구부의 질서를 따른 것으로 보인다. 1925년경 이 베란다는 제거되었고, 1층에는 단순한 차양이 이를 대체했다. 결국 2층 창의 배열이 그대로 드러나 건물의 민낯을 볼 수 있게 된 것이다.

이 두 동의 건물은 별채이면서도 완전히 독립된 것은 아니었다. 왜냐하면 지붕 덮인 통로가 둘을 연결하여 일정 정도의 관계를 유지시키고 있기 때문이다. 학생들은 외부로 나오지 않고도 이 통로를 이용해 두 건물 사이를 오갈 수 있었다. 기단 위에 세워진 목조 교사와 뒤로 후퇴해 있으나 무게감 있는 벽돌조 교사 사이의 묘한 긴장이 이 통로를 통해 중재되고 있는 것이다. 이 점이 서로 다른 두 건물로 구성된 송현동 보성전문이 가지고 있는 가장 큰 건축적 특징이라 하겠다. 한편, 1922년 4월 학교가 '재단법인 사립보성전문학교'로 인가되었는데, 교문의 명패는 이를 확인해 준다. 송현동 교사는 수송동에 비해 훨씬 협소한 운동장을 가지고 있지만, 문패가 보여 주듯 보성전문이 온전히 단독으로 사용했다는 측면에서 큰 의의가 있다. 보성전문이 안암동으로 이주한 이후 송현동 교사는 마사회와 덕성여고가 차례로 사용했다고 한다. 그러나 현재는 모두 철거되어 그 모습을 찾을 수 없다.

* * *

지금까지 서술했듯 보성전문은 창립 당시 수송동의 구 러시아어학교 한옥 건물을 시작으로 하여, 낙원동과 송현동을 거치며 목조와 벽돌조의 몇몇 서양식 건물을 교사로 사용할 수 있었다. 보성전문이 사용했던 건물들을 살핀 것은 단지 고려대학교의 건축 역사를 추적한 것에만 그치는 것이 아니다. 이는 더 나아가 일제 치하 근대화되었던 한국 건축의 궤적을 보여 준다는 점에서도 의미를 찾을 수 있기 때문이다. 구한말의 한옥 건물에서 목조 및 벽돌조 이양풍 건축물로의 이행이 바로 그것이다. 특히 낙원동 교사의 경우는 현존할 뿐만 아니라 건축사적 가치로 인해 등록문화재로 지정되어 보호받고 있다. 이러한 사실이 고려대학교에는 그다지 알려져 있지 않지만, 더 깊은 관심을 기울여야 할 것으로 보인다.

안암동 시대 이전, 보성전문 초기의 건축 상황을 구성하는 데에는 천도교를 중심으로 한 각계의 도움이 중요한 역할을 했다. 그럼에도 불구하고 일제 치하 불안정했던 보성전문의 물리적 기반은 인촌 김성수 선생의 보성전문 인수를 통해 극복될 수 있었다. 안암동 시대의 개막과 고대 석탑의 발흥이 임박했던 것이다.

2. 안암동 시대의 개막과 고대 석탑의 발흥: 1934–60년

1922년 보성전문이 재단법인으로 인가된 이래 학교 경영의 재정적, 법적 기반이 다져진 바 있다. 그렇지만 1920년대 말 세계 경제공황의 여파와 계속된 일제의 탄압은 다시금 학교의 운영을 어렵게 하였다. 이러한 난관을 타개하며 학교의 경영과 책임을 떠맡은 이가 바로 인촌 김성수(仁村 金性洙, 1891–1955) 선생이다. 인촌은 이미 교육을 통한 민족문화운동에 뜻을 품고 재단법인 중앙학원을 설립하여 중앙고등보통학교(현 중앙중학교와 중앙고등학교의 전신)를 운영하는 한편, 별도의 전문학교(궁극적으로는 민립대학) 설립을 염두에 두고 있었다. 그러한 뜻이 있었기에 1929년 12월부터 1931년 8월까지 1년 8개월간 유럽과 미국을 순방할 때 각 나라의 주요 대학들을 시찰했던 것이다. 이런 인촌에게 보성전문의 경영이 의탁되었다.

1932년 3월, 보성전문을 인수한 인촌은 학교의 새로운 도약을 위해 신교사 건립을 추진한다. 이는 인촌에게 제시되었던 보성전문 인수를 위한 조건이기도 했다. 구 재단이사회에서는 신교사를 위한 교지로 신설동의 대지 1만 4백여 평을 매입한 바 있었다. 그런데 이 정도 규모로는 인촌의 포부를 만족시킬 수 없었다. 그는 대신 1933년 5월, 현 안암동 캠퍼스 자리의 전답 1만 3천여 평과 임야 4만 7천여 평 등 모두 6만 2천여 평을 매입하였다. 송현동 교지의 100배 이상에 달

2-1 1930년 구미시찰 중 영국 런던에서의 인촌

는 면적이다. 많은 이들이 이에 대해 크게 놀라면서도 기뻐했다고 한다. 그러나 인촌은 여기에 멈추지 않고 애기능 숲을 비롯한 인근 여러 지역에 부지를 매입하여, 한때 학교의 소유지가 50만 평 이상에 달하였다. 유진오 전 총장은 그때를 다음과 같이 회고한다. "내 생각 같아서는 20만 평 정도의 캠퍼스 용지만 확보되면 적어도 몇십 년 동안은 문제없을 것이므로, 그 이상 땅을 살 수 있는 여유가 있으면 시설 확충이나 교직원 처우 개선으로 돌렸으면 좋을 성싶었으나 〔…〕 인촌의 토지에 대한 생각은 문자 그대로 백년대계에 입각한 것 같았다."(『養虎記』, 1977)

인촌은 신교사의 건축가로 박동진(朴東鎭, 1899-1980)을 선택했다. 그는 경성고등공업학교(현 서울대 공과대학의 전신) 건축과를 졸업하고 당시 조선총독부에서 건축기수로 일하고 있었으며, 틈틈이 개인 설계일을 수행하던 상황이었다. 보성전문의 설계는 반드시 민족의 기술자가 담당해야 한다는 것이 인촌의 생각이었다. 그리고 박동진은 당시 몇 안 되는 조선인 건축가였다. 그럼에도 불구하고 이제 30대 초반의 젊은이에게 이렇게 큰 프로젝트가 주어졌다는 것은 지금의 관점에서는 무척 획기적인 일이다. 물론 인촌 역시 40을 갓 넘긴 나이였다. 박동진의 회고에 의하면(「GRANITE의 辯: 仁村 金性洙 先生과 나」, 『高大新聞』, 1955.5.16), 그들의 만남은 인촌이 구미 시찰에서 돌아온 지 얼마 안 된 때였다. 그리고 학교의 터를 물색할 때 함께 동행하기도 했다. 교지를 확보한 인촌은

2-2 안암동 보성전문 교사 신축 예정지

2-3 인촌 내외와 건축가 박동진

2-4 건축가 박동진 (1899-1980)

계동 자택의 신관 2층에 설계실을 차리고 박동진을 기거하게 했다. 인촌은 두 달여를 함께 숙식하며 그의 설계를 독려했는데, 자신이 각국의 유명 대학에서 찍어온 환등사진을 보며 자주 토론했다고 한다. 그는 여행에서 돌아올 때 16mm 무비 카메라와 교육시설을 찍은 필름, 환등기 등을 지참한 바 있다(仁村紀念會, 『仁村金性洙傳』, 1976).

1) 안암동 보성전문의 신교사〔본관〕(1933-34)

건물의 터를 잡는 일은 건축계획 초기의 기본적 단계이다. 특히 한국 건축의 전통은 건물을 정확한 장소에 앉히는 배치(配置)와 바라보는 방향을 정하는 좌향(坐向)을 중요시한다. 안암동 신교사, 즉 현재의 고려대학교 본관은 뒤로 산을 등지고 앞으로는 동남쪽을 향해 넓은 터를 바라보게 되었다. 당시 주변에는 산과 논밭, 그리고 여기저기 세워진 초가집들만이 전경을 이루고 있었다. 그러나 원래 이 건물이 자리한 지점은 양쪽 산자락이 만나는 계곡에 해당되었기 때문에, 건물의 시공에 앞서 대지의 정지 작업이 필요했다. 현재의 인촌 동상이 세워진 지점까지 흙을 메워 평지로 만드는 토목공사에만도 상당한 비용이 소요되었다고 한다. 신교사는 재학생 최대 550명을 가정하여 계획되었다. 이에 따른 필수 공간으로 교장실, 회의실, 중강당이 각각 하나씩, 사무실과 응접실이 두 개씩, 그리고 교실 15개소 등이 요구조건으로 도출되었다. 그리하여 설계된 건물은 건축면적 약 950㎡(290평)에 지상 3층(중앙탑부 6층)으로서 도합 3,223㎡(975평)의 연면적을 갖는 것이었다. 그러나 설계 과정 중 4층 다락을 교수연구실로 추가하여, 완공된 건물의 연면적은 사실 3,744㎡(1,134평)에 이르게 된다. 그리고 그 뒤에는 32평의 부속건물을 세워 숙직실과 소사실, 난방기관실로 사용하였다. 건물 자체의 공사는 9개 지명입찰자 가운데 최저가로 낙찰된 일본의 건축업자 후지타 고오기로(藤田幸二郞)에게 맡겨졌다. 당시 조선에서 청부업자로 일하던 후지타는 무척 성실하고 겸손한 이였다고 전한다(兪鎭午, 『養虎記』, 1977).

그간 비좁은 건물을 전전하던 보성전문에게 이 같은 규모의 건물이 주어진 것은 비약적 발전이라 하지 않을 수 없다. 하지만 안암동의 신교사에 있어 늘어난 공간과 면적만이 괄목할 만한 것은 아니었다. 오히려 이 건물의 '석조 고딕양식'이야말로 안암동 신교사와 앞으로의 고려대학교 캠퍼스를 특징짓는 중요한 인자이다. 따라서 우리는 여기에서의 재료 선택과 건축양식에 대해 다시 한 번 생각해 봐야 할 것이다.

우선 우리는 이 건물의 구조가 통상 일컬어지는 것과 같은 단순한 석조가 아님을 먼저 알아야 한다. 그 구조는 철근콘크리트와 무근콘크리트가 기본 골격을 이루며 외장재로 화강암이 사용된 것이다. 당시 조선건축회에서 발행하던 건축전문지 『조선과 건축(朝鮮と建築)』의 「보성전문학교 신축공사 설계개요」(1935.9)는 그 자세한 사항을 기술하고 있다. 그리고 공사 중에 찍은 사진도 그 사실의 일부를 확인해 준다. 2층 공사까지를 마친 이후의 사진을 보자.[그림 2-6/위] 여기에서 우리는 비계로 둘러싸인 석조 벽면 및 장방형과 아치형의 창문을 확인할 수 있다. 게다가 3층에서는 콘크리트 골격을 위한 거푸집도 식별할 수 있다. 그리고 사진 우측으로 보이는 철탑은 콘크리트 타설용 펌프 지지대로 여겨진다. 그렇다고 여기의 석재 외장이 현재의 공법처럼 얇은 화강암판을 철물로 벽체에 부착하는 형식은 아니었다. 화강암은 단위 석괴로 준비되어 시멘트 모르타르로 접착해서 쌓는데, 어느 정도 스스로의 무게로써 자립이 가능한 형식이다. 따라서 안암동 신교사의 구조는 철근콘크리트와 화강암의 복합체라 말할 수 있다. 여기에 목조트러스 골격과 천연슬레이트로 마감된 지붕이 결합된 것이다. 그럼에도 불구하고 건물 외벽을 석조로 유지한 것은 여전히 중요하다. 보성전문의 신교사를 석조로 해야 한다는 것은 인촌의 강한 의지에서 비롯되었다. (돌을 재료로 선택한 것이 건축가 박동진의 건의에서 나왔다는 의견도 일부 제기된 바 있으나 이것은 박동진이 자신의 회고담에서 서술한 비일관적 언설에 기인한 것으로 보인다.) 그가 보성전문을 인수하기 이전 해외 유명 대학 건물들을 순방했던 일은 석조건물에 대한 결의를 다지게 된 계기였다. 인촌이 방문한 대학은 영국의 옥스

퍼드와 케임브리지, 프랑스의 소르본, 독일의 베를린, 하이델베르크, 체코의 프라하, 미국의 콜롬비아, 하버드, 예일 등이라 알려져 있다. 그는 이러한 세계 유수대학에 못지않은 학교를 원했고, 이를 위해서 영구적 재료인 돌로 건물을 짓길 바랐던 것이다. 이태리처럼 대리석이 많이 난다면 대리석을 사용했겠지만 우리에게는 대신 화강암이 풍부했다. 그리고 화강암은 일본 목조건축의 유약성과 대비되는 강인한 면모를 지녔고 우리의 지역성을 반영하니 인촌과 박동진이 선택하기에 안성맞춤이었다. 이 공사에 사용된 화강암은 근처 종암동의 채석장에서 온 것이라 한다.

안암동 신교사가 석조여야 한다는 것이 인촌의 일관된 의지였다면, 이를 위해 고딕양식을 최종 선택한 것은 건축가 박동진의 몫이었던 것 같다. 그런데 1930년대 초의 글에서 박동진은 이미 자신이 당시 유럽에서 진행되고 있는 근대합리주의 건축의 흐름을 습득하고 있음을 보였다. 그런 그가 과거 역사주의 양식을 채택한 것은 상당히 복고적이라 할 만하다. 그러나 양식에 대한 문제는 재료선택에 종속된 결정이었다. 돌의 사용이 확정된 이상 여기에 맞는 양식을 찾아야 했는데, 근대주의 건축은 전혀 이에 맞지 않았다. 대신 인촌이 방문했던 대학의 건물들이 당연히 가장 중요한 원천이 되었다. 앞에서 적었듯 인촌과 박동진은 신교사를 설계하며 그 사진들을 참고했다. 이 건물의 설계를 위해 박동진이 특별히 어떤 건물에 영감을 받았는지는 알려져 있지 않다. 전술한 대학들에는 유서 깊은 고딕(Gothic) 건축물이 많이 있을 뿐만 아니라 고대 그리스·로마에 근간한 고전주의(Classical) 건물 역시 다수 존재한다(두 양식은 서양건축사를 대변하는 양대 경향이다). 그 가운데 고딕 계열의 건축물이 인촌에게나 박동진에게나 더 끌렸을 것으로 보인다. 역사적으로 볼 때도 대학의 시작은 중세 고딕시대로 거슬러 올라가며, 거기에서 종종 학문의 신성한 가치를 찾기 때문이다. 그리고 해외여행 중 영국에서 1년을 머물렀던 인촌에게 옥스퍼드와 케임브리지의 고딕 건물들[그림 2-9]이 가장 인상적이었다고 전한다. 더구나 당시 존재하던 가장 기념비적 석조건물(철근콘크리트조+석재외장)인 조선총독부청사(1926)[그림 2-10]가 르네상스

풍의 고전주의 계열이었기 때문에 이러한 사실이 박동진으로 하여금 고전주의를 회피하게끔 만든 요인이었을 것이라 추측하는 이도 있다.

이 건물을 고딕양식으로 분류하게 만드는 중요한 건축 요소로는 몇 가지를 거론할 수 있다. 무엇보다 1층 출입구를 비롯해 정면의 창호에 사용된 뾰족아치 개구부가 결정적이다. 서양건축사 가운데 뾰족아치는 둥근아치가 특징인 로마네스크양식으로부터 고딕건축을 구별케 하는 기본 요소이다. 그리고 중앙탑부 네 모서리의 부축벽(flat buttress)이 상부로 갈수록 얇아지는 점이나, 탑 최상부의 요철 모양 여장(女墻) 역시 중세의 건축을 연상시킨다. 그럼에도 불구하고 안암의 신교사가 유럽 전성기의 고딕양식[그림 2-11]을 그대로 차용한 것은 아니다. 당시 건축의 전형적 특징으로 간주되는 리브볼트(rib-vault)나 플라잉버트레스(flying buttress)와 같은 요소가 부재할 뿐만 아니라 전체적으로 강조되던 수직성 역시 여기에서는 그다지 표출되지 않았기 때문이다. 평면은 납작한 H-자 형태의 엄격한 좌우대칭으로 고전주의적 권위마저도 머금고 있다. 입면 역시 중앙탑을 중심으로 대칭이다. 그러나 규모에 비해 전체 구성은 비교적 단순하다. 이러한 특징들은 오히려 이 건물을 르네상스로 전이되기 직전 영국 후기 고딕 시기의 저택 건축물과 가깝게 한다. 따라서 이는 종종 거론되듯 영국 튜더양식(Tudor Style)[그림 2-12]과 결부될 수 있다. 그러나 20세기 초에 일제 강점기 한국의 특수한 상황 가운데 세워진 보성전문 본관이 16-17세기 영국의 건축 흐름과 연결되기 위해서는 매개가 필요하다. 그것은 바로 19세기 중반 이래 영미권에서, 특히 미국에서 흥했던 대학 고딕양식(Collegiate Gothic Style)이다. 이것은 고딕부흥식(Gothic Revival)이라는 큰 흐름의 후미에 속했던 경향으로서 펜실베이니아, 예일, 시카고, 프린스턴, 듀크 등 당시의 많은 대학들이 옥스퍼드와 케임브리지를 모델로 하여 채용했던 스타일이라 하겠다.

한편, 보성전문의 신축 석조교사를 이미 존재하던 연희전문(현 연세대학교의 전신)의 석조건물과 비교하는 것은 여러모로 흥미롭다. 두 학교는 우리나라 양대 사학의 축으로서 경쟁자이자 동료애를 가지고 성장해 왔다. 더구나 보연

2-5 현재의 본관 전경

2-6 공사 중의 본관. 위 사진은 공사장 전경, 아래 사진은 공사장에서의 인촌(매일 현장에 나와 공사를 감독했다고 한다)

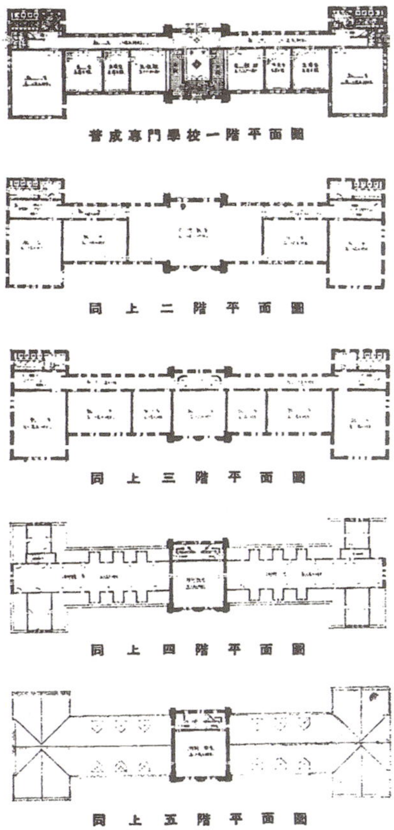

2-7 완공 당시의 본관(위). 아래 왼쪽 사진은 중앙탑, 아래 오른쪽 그림은 『朝鮮と建築』(1935.9)에 실린 건물 평면도

2-8 1930년대 안암동 신교사의 실내. 위 사진은 교수실, 아래 사진은 강의실

2-9 인촌이 영국에 머물렀을 당시의 옥스퍼드와 케임브리지. 위 사진은 옥스퍼드 대학의 고딕건물군(1930년경의 사진), 아래 사진은 케임브리지 대학의 트리니티 칼리지 출입문(16-17세기)

2-10 조선총독부 청사, 독일 건축가 게오르크 데 랄란데(Georg de Lalande) 설계, 1926년 완공

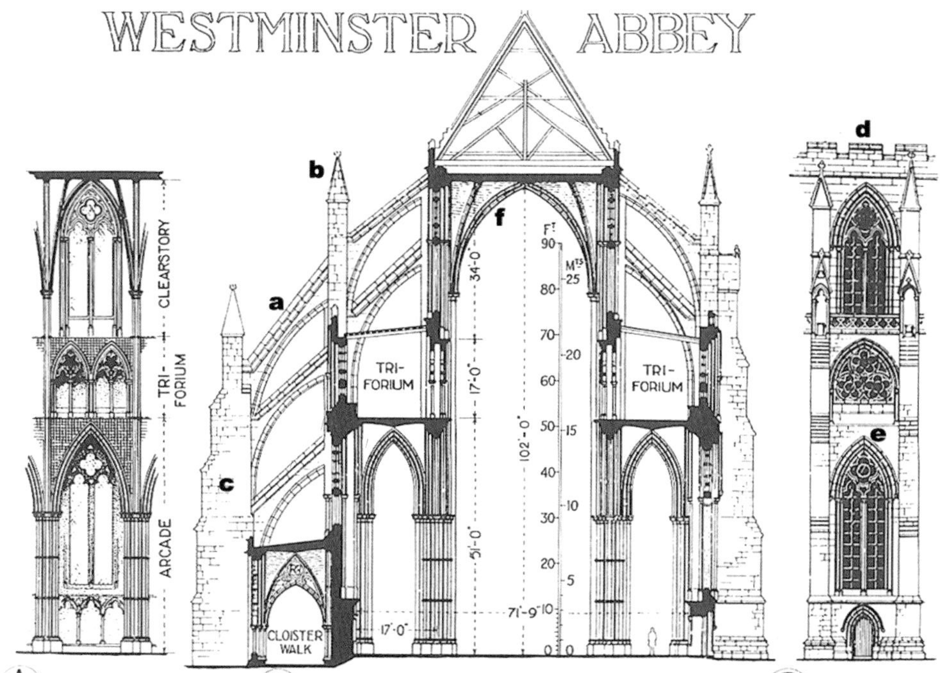

2-11 웨스트민스터 사원의 고딕 구조: a. 플라잉버트레스(flying buttress), b. 소첨탑(pinnacle), c. 부축벽(buttress), d. 여장(battlement), e. 뾰족아치(pointed arch), f. 리브볼트(rib-vault)

2-12 튜더 양식의 건물 예로 간주되는 런던 근교의 햄프턴 코트 팰리스(Hampton Court Palace), 1520년경

전(현 고연전)에서 보듯 스포츠를 통한 학생활동으로 민족의 저력을 축적하고 있었다. 그리고 천도교가 보성전문을 인수하기 이전인 1910년, 경영난에 처했던 보성전문은 연희전문의 설립자인 언더우드(Horace G. Underwood)와 보성전문의 재정 확보를 위해 협상을 벌이기도 했다. 1920년대에 준공된 연희전문의 건물인 현재의 스팀슨관(1920), 아펜젤러관(1924), 언더우드관(1925)도 모두 튜더풍의 소박한 고딕양식을 띠고 있다.[그림 2-13] 이들은 보성전문의 신교사에 비해 우선 규모 면에서 작다. 기독교 미션계 학교의 청빈한 정신과 민족사학 백년대계를 향한 인촌의 포부가 대비되어 나타난 것으로 볼 수 있다. 더불어 두 학교 건물의 돌쌓기 방법 역시 이러한 차별적 기조를 유지한다.[그림 2-14] 연희전문 건물이 주변에서 채취한 운모편암을 이용한 막돌쌓기로 자유롭고 질박한 모습을 보였다면, 보성전문의 건물은 직각으로 다듬은 회백색 화강암을 서로 직교시켜 매우 정갈하게 쌓았다. 특히 돌 일부를 세워 쌓은 보성전문의 수법은 그때까지 다른 곳에서 흔히 찾아볼 수 없는 독특한 것이었다. 안창모의 연구에 의하면(『建築家 朴東

2-13 1920년대에 완공된 연희전문의 석조건물. 위 사진은 스팀슨관(1919-20, 사적 제275호), 가운데 사진은 아펜젤러관(1921-24, 사적 제277호), 아래 사진은 언더우드관(1921-25, 사적 제276호)

2-14 보성과 연희의 돌쌓기 비교. 위 사진은 언더우드관 중앙탑 상부(소박한 돌쌓기 및 돌출창 상단의 태극문양에 주목할 것), 아래 사진은 보성전문 본관 배면(직각으로 다듬은 서로 다른 크기의 화강암을 불규칙하게 직교시켜 쌓음, 이른바 '완자쌓기')

2-15 보성전문 본관 출입구의 세부. 왼쪽 사진은 정면 아치 아래의 호랑이 머리 조각, 오른쪽 사진은 배면의 무궁화 조각

2-16 1934년 9월 28일, 안암동 신교사로 이전하는 보성전문 학생들의 행렬. 위 사진은 종로2가 현 YMCA 앞을 지나는 모습, 아래 사진은 신교사로의 최초 입장 모습, 51쪽 그림은 1934년 9월 29일자 『동아일보』에 보도된 안암동 신축교사 준공 및 보성전문 이전 기사

일보

第四千九百六十二號

◇普專의移轉光景◇

上은新校舍 中은市街를行列하는同校學生 下는舊校舍

民間의最高學府

普專新校舍竣工

今日、全校生이旗行列로移轉式

城東郊外의 新偉容

天氣豫報

◇晴後曇

鎭에 關한 硏究』, 1997) 이는 '완자쌓기'로 명명된 벽체 패턴으로, 전통 창호문양에서 박동진이 창안한 방법이라고 한다. 이 방법은 무척 중요한데, 왜냐하면 곧 지어질 도서관을 비롯한 고려대학교의 이후 건물에 계속 적용되기 때문이다. 한편, 연희전문의 건물 이마나 창틀에 각인된 태극문양은 보성전문 신교사에도 대응물을 갖는다. 그것은 건물 정면과 배면의 출입구 아치 양쪽 아래에 각각 조각된 호랑이 머리와 무궁화꽃 문양이다. 보성전문 학생들이 가졌던 억센 기상과 민족정신이 건축물의 부분에도 표출된 것이다.

안암동 신교사는 1934년 9월 27일, 1년에 걸친 공사 끝에 완공되었다. 다음 날인 9월 28일, 송현동 구교사에서 고별식을 행한 교수, 직원, 학생들은 교기와 '재단법인 보성전문학교(財團法人 普成專門學校)'라 쓴 교문 명패를 선두로 세우고 안국동에서 종로를 거쳐 안암동의 신교사까지 행렬을 하였다. 이는 일제 관학의 허세에 맞서 민족사학의 웅비를 자축한 행사로서 장안의 화제였다고 한다. 신교사에 들어온 모든 이들은 곧바로 2층 강당(현 교무처 공간)에서 이전식을 거행하였다. 안암동 시대의 개막이다. 이로써 지난 30년 가까운 기간 동안 불안정했던 보성전문이 새로운 도약의 발판을 마련한 것이다. 훗날 인촌은 일본인이든 서양인이든 우리나라를 방문하면 안암의 석탑 앞으로 데리고 와 한국의 건축가가 설계한 한국의 대학이라 자랑했고, 그들은 하나같이 크게 탄복했다고 전한다. 이 건물은 사적 제285호로 지정되어 국가의 유산으로 보호받고 있다.

2) 창립 30주년기념 도서관〔중앙도서관(대학원)〕(1935-37)

보성전문은 안암동 신교사의 공사 시작 수개월 전부터 이미, 1935년 본교의 창립 30주년을 기념하는 사업을 계획하고 있었다. 그 기념사업의 가장 중요한 목표는 전국적으로 기부금을 조성해 도서관, 강당, 체육관을 건설하는 것이었다. 이러한 취지에 국내의 각계각층은 물론 해외의 동포들까지도 동참했고, 1935년 6월 도서관 건축을 시작한다. 공사가 시작되자 『동아일보』(1935.8.17)는 곧 「우리가 쌋는 金字塔: 大普專의 圖書館」이라는 제목으로 이러한 사실을 알리며, 건물 조감도도 게재한다.[그림 2-17]

도서관 대지는 본관의 동북쪽 언덕에 터를 닦아 마련하였다. 이 건물의 설계는 본관과 마찬가지로 박동진이 맡았고, 시공은 후지타 고오기로와 함께 본관 공사에 참여했던 후지타 겐이치(藤田源市)에게 맡겨졌다. 건물의 재료와 양식은 본관을 그대로 계승하여 석조 고딕풍의 캠퍼스 분위기를 이어나가게 된다. 구조 역시 마찬가지로 철근콘크리트와 화강암의 복합체이다. 그러나 도서관 건물의 L-자형 평면은 납작한 H-자 평면을 갖는 본관과 큰 대비를 이룬다. 여기서 L-자 평면의 짧은 날개 측이 본관 쪽을 향하며, 직교부 모서리의 5층탑과 함께 무게중심을 잡는다. 전체 배치를 보면 본관과 도서관은 일종의 직교체계하에 구성되어 있음을 알 수 있다. 그러나 이 두 건물만으로는 온전한 조합이라 할 수 없다. 왜냐하면 본관을 중심으로 좌우가 균형을 이뤄야 하는데, 아직 남서쪽이 빈 상태이기 때문이다. 1936년도의 보성전문 배치도[그림 2-18]는 그 상황을 간략히 보여 준다. 그럼에도 불구하고 이미 당시부터도 창립 30주년 기념사업의 계획에 따라 남서편을 강당 부지로 계획하고 있었다. 또한 본관 전면에는 운동장을, 그리고 운동장 좌측에는 정구장, 농구장, 배구장 공간을 확보해 두었다. 본관 남서쪽에는 후일 서관이 도서관의 대응물이 되어 전체 구성에 균형을 잡아 준다.

도서관은 짧은 날개 측이 4층, 긴 날개 측이 3층, 모서리의 탑이 5층이며, 건축면적 983㎡(298평)에 도합 2,880㎡(873평)의 연면적을 갖도록 건축되었다. 1층에는 주 출입구가 있는 탑 부분을 중심으로 양쪽 날개에 걸쳐 교수연구실 32개소를 비롯하여 사무실과 특별열람실을 두었다. 짧은 날개 측은 서고동(書庫棟)으로서 2층부터 4층까지 세 개 층에 서고를 배치하였다. 이 서고의 각 층은 층고를 낮게 하여 탑 부분의 2층과 3층, 두 개 층 높이에 맞추었다. 여기에는 20만 권의 장서를 보관할 수 있었는데, 이 도서 역시 건축비와 마찬가지로 각계각층의 기부를 통해 마련된 것이다. 그리고 탑의 3층 이상 각 방에는 민속자료와 미술품의 전시실로 사용하였다. 열람실동이라 볼 수 있는 긴 날개 측 2층에는 대열람실이 마련되었다. 이 공간은 전교생의 반을 수용할 수 있는 250석 규모로서 높은 천정고에 우아한 고딕식의 창을 가졌으며, 각 책상에는 회전식 가죽의자 및 전기스탠드가 구비되었다. 본관과 마찬가지로 도서관의 규모나 모든 시설이 최고 수준이었고, 국내뿐만 아니라 대외적으로도 전혀 손색이 없는 정도였다. 건물은 착공한지 2년여가 지난 1937년 9월 준공된다. 당시 경성제대를 제외하고는 국내 최초로 1교수 1연구실 제도를 실시하여, 일본의 사립대학도 이를 부러워했다고 한다. 훗날(1957-58) 이 건물은 서고동 후면이 뒤편으로 확장되고, 열람실동 3층에 교수실을 증축하여 총 4,089㎡(1,237평)의 연면적을 갖게 된다. 그리고 지금은 중앙도서관 구관 겸 대학원 건물로 사용되고 있으며, 그 역사적·건축사적 가치를 인정받아 사적 제286호로 지정된 상태이다.

이 건물에서 가장 눈에 띄는 요소는 전술했던 모서리의 5층탑이다. 탑 1층의 출입문으로는 직교하는 두 면의 아치 개구부 모두에서 진입할 수 있는데, 출입문은 양쪽 개구부 모두에서 같은 각도인 45°를 이루며 서 있다. 그리고 이 탑은 계단실을 포함함으로써 건물 전체의 중앙 수직동선을 담당한다. 탑의 평면은 자체만으로 완결된 정사각형을 이룬다. 그리고 탑의 네 모서리에는 팔각평면의 터릿(turret)이 돌출되어 탑의 몸체보다 조금 위로 솟아 있다. 터릿은 원래 중세 성곽에서 방어용 목적으로 설치되었고 후일 스코틀랜드에서 미학적인 요소로 발전시켰는데, 유럽이나 미국 대학의 고딕 건물에서도 자주 차용된 요소이다. 이것은 본관의 중앙탑 모서리가 부축벽으로 마무리된 것보다 더 적극적인 마감 수법이라 하겠다. 이 터릿은 탑 본체의 상부와 함께 여장으로 처리되어 캠퍼스 스카이라인에 중요한 고딕적 이미지를 부여한다. 도서관 5층탑의 터릿은 긴 날개 측 끝의 박공면에서 변형된 모습으로 출현한다. 여기에서는 그 상부가 소첨탑(小尖塔, pinnacle)으로 마감되었기 때문인데, 또 다른 고딕건축의 어휘를 보여 주는 셈이다. 이 밖에도 이 건물에는 다양한 종류의 고딕적 건축 요소를 포함하고 있다. 예를 들면 출입구와 창 프레임의 반복되는 뾰족아치가 그렇고, 긴 날개 측의 부축벽이나 2층 대열람실 창의 꽃잎무늬 창틀(foiled tracery)이 그러하다. 또한 긴 날개 측

끝의 박공면 2층에 돌출된 오리얼창(oriel window) 역시 전형적인 고딕건축의 요소이다. 이 돌출 창 자체만 보더라도 너비가 다른 여러 뾰족아치를 포함하며 상부는 여장으로 처리되었다.

보성전문 도서관의 디자인 연원에 대해서는 흥미로운 이야기가 전한다. 인촌과 박동진이 건물 설계를 논의할 당시, 보성전문 교수로 재직 중이던 오천석 교수의 모교인 듀크 대학 도서관 건물을 앨범에서 보고 참고했다는 것이다. 『고려대학교 70년지(高麗大學校 70年誌)』(1975)에 기록된 이 기사는 이후 정확한 검증 없이 확대 재생산되었다. 그리고 보성전문의 초기 석조건축물들과 듀크 대학의 관계에 대한 분분한 설을 낳아 왔다. 따라서 이 부분을 좀 더 정확히 짚고 넘어갈 필요가 있겠다. 우선 철학 및 교육학을 전공한 오천석은 1932년 4월 보성전문에 임용되어 4년간 재직하였는데, 그가 학·석·박사학위를 취득한 미국의 대학은 각각 코넬, 노스웨스턴, 콜롬비아였다. 그러므로 그의 모교가 듀크라는 것은 오류로 보인다. 그리고 듀크 대학 도서관을 참조한 경위에 대한 의문은 오천석의 「석탑야사(石塔野史)」(『高友會報』, 1972.9.5)라는 글을 통해 대부분 해소된다. 이 글에 따르면 인촌이 오천석에게 미국 대학 가운데 보성전문 도서관의 모델이 될 만한 것이 있는지 문의했고, 마침 미국 여러 대학의 카탈로그를 가지고 있던 오천석이 그 가운데 듀크 대학의 신축 도서관을 보고 추천했다. 그리고 인촌 역시 이에 만족하여 결국 듀크대 도서관을 본뜨기로 결정했다는 것이다. 당시 듀크대의 고딕양식 도서관 건물로는 퍼킨스 도서관(Perkins Library)[그림 2-24]을 들 수 있는데, 1930년도에 지어졌으니 시기적으로도 '신축'이라 할 만하다. 건물 모서리에 탑이 배치되었고, 탑의 네 코너에 디자인된 터릿이나 상부 여장 역시 닮은 꼴이므로 퍼킨스 도서관이 보성전문 도서관의 모델이 되었음은 의문의 여지가 없어 보인다. 그러나 퍼킨스의 세부적인 부분은 상당히 거칠고 둔탁하여 보성전문 도서관이 갖는 정교한 맛을 찾기 힘들다. 세부적인 유사성은 오히려 퍼킨스와 멀지 않은 곳에 건축된 의과대학 데이비슨관(Davison Building, 1930)[그림 2-25]에서 발견된다. 이 건물 전면 중앙에 놓인 탑은 팔각형 터릿의 비례나 터릿에 배

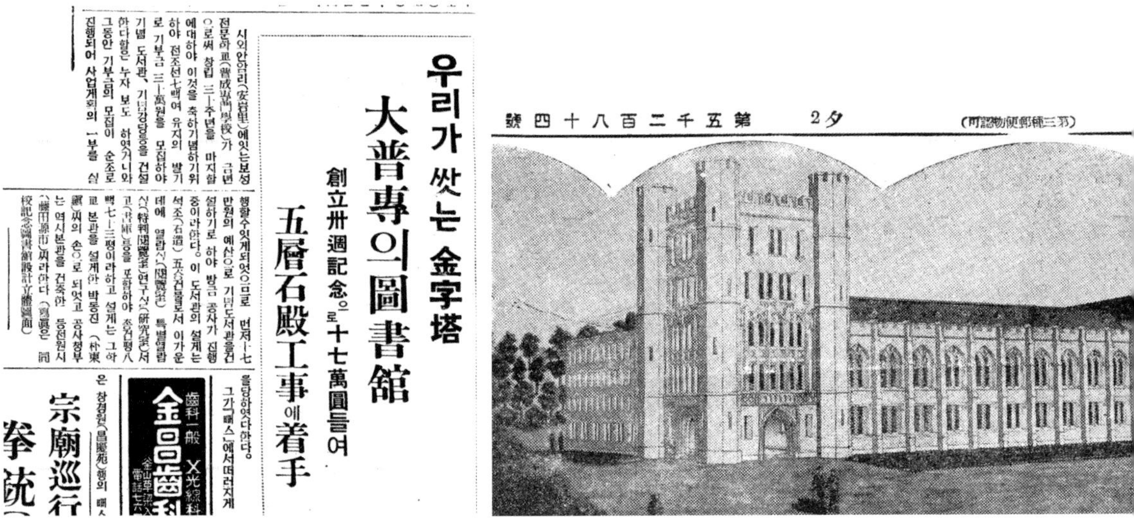

우리가 쌋는 金字塔

大普專의圖書館

創立卅週記念으로 十七萬圓들여

五層石殿工事에着手

시외안암리(安岩里)에잇는보성전문학교(普成專門學校)가 금번으로써 창립 三十주년을 마지함에대하야 이것을 축하기념하기위하야 전조선七백여 유지의 발기로 기부금 三十萬원을 모집하야 기념 도서관、기념강당등을 건설하다함은 누자 보도 하엿거니와 그동안 기부금의 모집이 순조로 진행되어 사업계획의 一부를 실행할수잇게되엇으므로 먼저十七만원의 예산으로 기념도서관을건설하기로 하야 방금 공사가 진행중이라한다。이 도서관의 설계는 석조(石造) 五층건물로서 이가운데에 열람실(閱覽室) 특별열람실(特別閱覽室)연구실(硏究室)서고(書庫)등을 포함하야 총건평八백七十三평이라하고 설계는 그학교 본관을 설계한 박동진 (朴東鎭)씨의 손으로 되엇고 공사청부는 역시본관을 건축한 등전원시(藤田源市)씨라한다 (사진은 同校記念圖書館設計立體圖面)

第五千二百八十四號 2夕 (第三種郵便物認可)

2-17 1935년 8월 17일자 『동아일보』에 보도된 도서관 공사. 왼쪽은 착공 기사, 오른쪽은 조감도

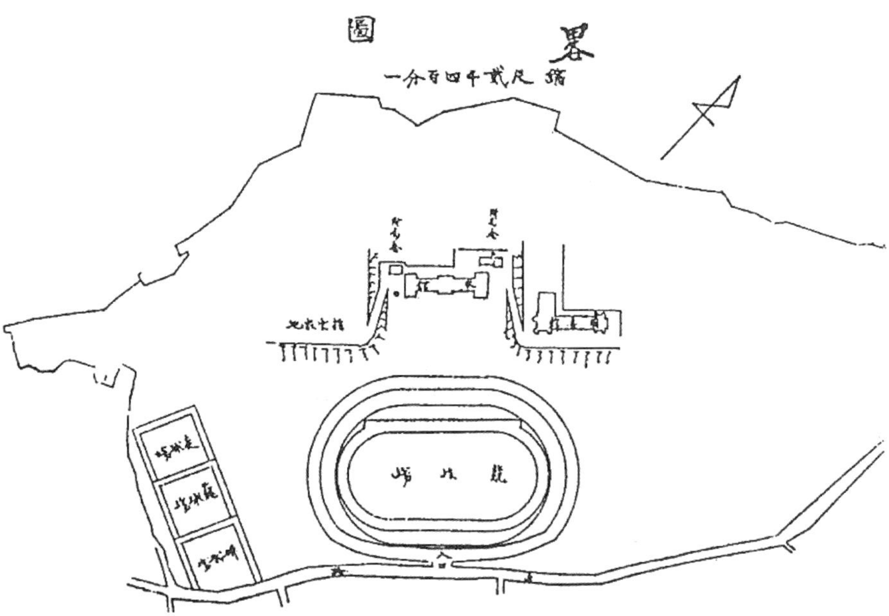

2-18 1936년도 보성전문 배치도. 본관과 도서관의 배치 상황을 알 수 있으며, 본관 남서편은 강당 부지로 계획되어 있다. 그리고 건물 남쪽 전면에는 대운동장과 정구장, 농구장, 배구장 공간이 확보되어 있다(출처: 『보성전문학교일람』, 1936)

치된 개구부의 패턴 등이 보성전문 도서관과 유사하다. 그리고 섬세하게 디자인된 돌출창은 보성전문 도서관 박공면의 것을 연상시킨다. 한편, 건물 모서리에 탑을 두고 이에 더해 날개 끝에 박공부를 계획한 보성전문 도서관의 구성은 퍼킨스 도서관 반대편에 위치한 듀크 대학 학생회관(The Union)을 닮았다. 퍼킨스 도서관, 데이비슨관, 학생회관 등의 사진은 1930년대 초의 듀크 대학 요람에 실린 바 있는데, 오천석 교수가 가지고 있던 카탈로그가 바로 이 책자였을 것으로 추정된다(김현섭, 「보성전문학교 도서관(1935-37)의 건축적 연원 탐구」, 2012.8). 요컨대 보성전문 도서관의 기본 골격은 퍼킨스 도서관을 모델로 했으며, 데이비슨관과 학생회관 등에서 세부적인 면을 참조했을 것으로 보인다. 물론 듀크 대학 역시 프린스턴과 시카고 같은 이전의 고딕식 대학을 모델로 했고, 그 뿌리가 다시금 옥스퍼드나 케임브리지로 거슬러 올라감도 기억해야 할 것이다.

2-19 도서관 완공 당시의 캠퍼스 전경. 본관과 도서관의 웅장한 모습이 교지 밖의 초가집 군락과 대조를 보인다

2-20 공사 중의 도서관. 위 사진은 전경, 아래 사진은 슬래브 콘크리트 타설 전의 모습(콘크리트 타설용 파이프와 지지 철탑이 좌측으로 보이며, 슬래브에 촘촘히 설치된 철근을 확인할 수 있다)

2-21 현재의 도서관. 위 사진은 박공면 쪽에서 본 전경, 아래 왼쪽 사진은 주 출입구와 계단실이 있는 모서리의 5층탑, 아래 오른쪽 사진은 탑 모서리에 부착된 명패 '창립30주년기념 도서관(創立三十週年紀念 圖書館)'

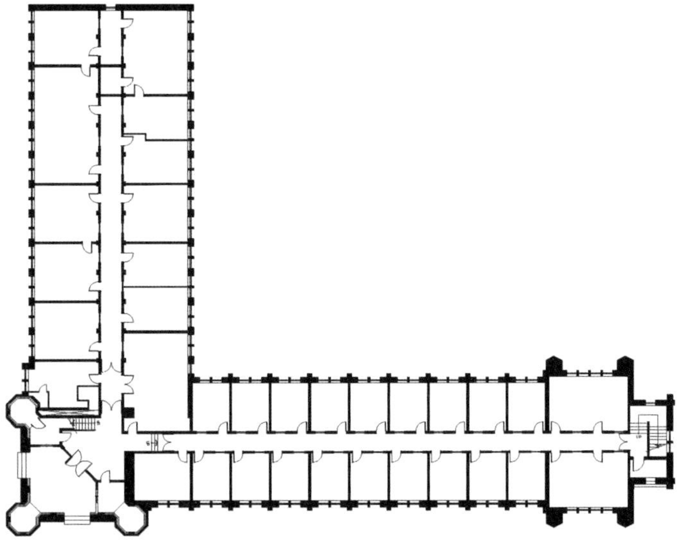

2-22 현재의 도서관 1층 평면

2-23 도서관 준공 후 초기의 대열람실 내부

2-24 듀크 대학 퍼킨스 도서관, 호러스 트럼바워(Horace Trumbauer) 설계, 1930년 완공

2-25 듀크 대학 데이비슨 빌딩, 호러스 트럼바워 설계, 1930년 완공

3) 대운동장 (1937-38)

본관에 이어 도서관까지 준공한 보성전문은 명실공히 국내 최고의 전문학교로서 위용을 갖추었다. 그러나 이에 더해 주목할 만한 것이 있으니, 그것은 바로 대운동장의 건설이다. 1936년의 『보성전문학교일람』에 수록된 사진이 보여 주듯, [그림 2-26] 본관 전면의 공간은 그동안 제대로 정비되지 못한 채 방치되어 있었다. 그러나 여기에 운동장이 갖추어져 캠퍼스 입구와 본관의 중앙을 가로지르는 방향축이 중심을 잡게 되었다. 그리고 비움의 너른 공간이 캠퍼스 하단을 평정함으로써 상단의 본관에 더 큰 품위를 부여했다. 1년 반의 공사로 1938년 7월에 완공된 대운동장은 우리나라 조선에서는 찾아보기 힘든 국제 규격의 시설로서 베를린 올림픽 스타디움을 모방했다고 한다. 1936년 베를린 올림픽 마라톤에서 손기정 선수가 금메달을 땄을 때 느꼈던 인촌의 감격은 잘 알려져 있다. 보성전문에 최고의 시설을 원했던 그의 야심을 생각하면 이 같은 운동장의 규모에 수긍이 간다. 여기에는 400m의 트랙필드와 140m의 직선 주로, 약 3만 명이 수용 가능한 잔디 스탠드가 갖추어졌다. 일본에서조차 이 정도 규모를 갖는 운동장이 많지 않았기 때문에 이 시설은 장안의 화제가 된다.

보성전문은 일찍부터 지(知)·덕(德)·체(體) 세 방면을 모두 강조한 교육을 실시해 왔다. 대운동장의 건설은 그 가운데 체육 방면에 대한 열정을 나타낸다. 앞서 볼 수 있었듯 실제 보성전문이 거쳐 왔던 수송동, 낙원동, 송현동 교사에는 늘 운동장이 구비되어 스포츠 활동을 통한 학생들의 건강한 몸과 마음의 함양을 중시해 왔다. 그리고 1936년의 배치도에서 우리는 이미 대운동장과 더불어 정구장, 농구장, 배구장 공간이 확보되어 있음을 확인할 수 있다. [그림 2-18] 게다가 도서관과 함께 창립 30주년을 기념하여 추진했던 체육관 건축도 1938년 겨울 이미 4층 석조 철근콘크리트 구조로 설계도가 완성된 상태였다. 한국의 스포츠 역사 가운데 고려대학교가 점하고 있는 위상은 보성전문 초기부터 시작된 이러한 전통으로부터 말미암은 것이라 하겠다. 그리고 이러한 체육활동에 대한 열정은 단지 스포츠에만 국한된 것이 아니었다. 이것은 일제 강점기에 민족의 저력을 축적하

2-26 대운동장 공사 전의 캠퍼스 모습

2-27 1938년 7월 준공된 대운동장 및 본관 앞의 잔디밭

는 방편이 되었고, 이후 민주화 시기에는 학생운동의 기상으로 이어진다. 즉, 대운동장은 다양한 교내외 체육행사의 공간이자 학생활동의 장으로 역할을 했던 것이다. 그러나 70년 가까이 고려대학교의 역사와 함께 하던 대운동장은 100주년 기념사업의 하나였던 중앙광장이 2002년 완성됨으로써 그 자취를 감춘다.

4) 일제 말의 탄압과 해방, 그리고 고려대학교의 출범 (1946.8.15)

1938년 7월의 대운동장 준공으로 보성전문의 캠퍼스를 형성하는 데에 중요한 도약을 보였다. 그리고 10월에는 이를 축하하기 위해 성대한 운동회가 개최되었다. 그러나 이러한 분위기는 오래가지 못한다. 일제가 조선을 병참기지화하며 민족말살정책을 폈기 때문이다. 보성전문 역시 일제의 탄압에 큰 영향을 받았고, 도서관과 함께 창립 30주년 기념으로 계획했던 강당과 체육관의 건립을 실현할 수 없었다. 그리고 급기야 1944년 4월에는 교명도 경성척식경제전문학교(京城拓植經濟專門學校)로 강제 변경하는 수모까지 당하게 된다. 결국 안암동 캠퍼스의 모습은 본관과 도서관, 그리고 대운동장으로 구성된 상태에서 큰 변화 없이 해방을 맞이한 셈이다. 교명은 해방 후 곧 보성전문학교로 환원되었다. 그러나 더 중요한 것은 새로 마련된 교육령에 따라 보성전문이 종합대학으로 승격될 기회를 얻었다는 사실이다. 1920년대 초부터 있었던 조선의 민립대학 설립을 위한 노력이 일제의 방해로 수포로 돌아갔었는데, 이제야 우리나라도 대학을 가질 수 있게 된 것이다.

보성전문이 대학으로 승격되며 갖게 될 교명으로 '조선(朝鮮)'이나 '안암(安岩)' 등이 거론되기도 했지만 인촌의 강력한 주장으로 '고려(高麗)'가 채택되었다. 유진오에 따르면 '조선'이나 '한국'은 역사상 이민족의 수모를 당해 거부되었다. '고려' 역시 여진족이나 몽고족 등의 시달림을 받은 것이 사실이나 '고구려(高句麗)'의 영광을 계승한 측면에 큰 의의를 둘 수 있다. 더구나 고려시대에 우리나라가 '코리아(Korea)'로 알려졌기에 '고려'가 국제적으로 한국을 대표하는 명칭이 된다는 사실이 무엇보다 중요하게 여겨졌던 것이다. 따라서 '고려대학교'라는 이름은 모든 전문학교들이 탐낼 만한 교명이었다. 당시 한 교우의 회고에 의하면 이 교명을 두고 보성전문, 연희전문, 경성전문이 문교부에 허가 신청을 냈다는 것이다. 그러나 인촌이 먼저 서둘렀기 때문에 보성전문이 그 이름을 부여받을 수 있었다(兪鎭午, 『養虎記』, 1977). 결국 1946년 8월 15일 문교부의 인가를 통해 보성전문학교는 정법대학, 경상대학, 문과대학의 3개 단과대학으로 구성된 종합대학인 고려대학교로 새롭게 발돋움했고, 현상윤이 초대 총장으로 취임했으며, 9월 2일 개교식을 거행했다. 그리고 안암동 일대의 임야와 전답을 추가로 매입해 교지를 더 확장함으로써 미래의 발전 가능성을 열어두었다. 1949년에는 고려대학교 제1회 졸업생이 배출되었고, 그해 9월 대학원이 설립된다.

5) 한국전쟁하의 대구 임시 교사와 귀경 후 중앙고등학교에서의 더부살이

해방과 함께 출범하여 발전의 도상에 있던 고려대학교는 1950년 6월 25일 한국전쟁의 발발이라는 커다란 장애를 만나게 된다. 고려대학교를 비롯해 서울에 집중되어 있던 여러 대학들은 전쟁의 참화 속에서 교육을 지속할 수 없게 되었다. 그러나 피난지에서의 교육 재개를 위한 각계의 노력으로 부산을 비롯한 몇몇 도시에서 전시연합대학이 꾸려졌다. 그리고 이와는 별도로 고려대학교는 대구 원대동 1165번지에 90평가량의 공장 건물을 임시 교사로 하여 1951년 9월 개강한다. 대구 임시 교사는 1953년 8월, 서울로 복귀할 때까지 2년 동안 고려대학교의 보금자리로 기능하였다.

전쟁 중 서울의 많은 학교 건물들이 불타고 파괴되었다. 그러나 튼실하게 건축된 고려대학교의 본관과 도서관은 그 화를 면할 수 있었다. 하지만 귀경한 고려대학교가 곧바로 안암동 캠퍼스로 돌아올 수 없었다. 그간 여기에 주둔하였던 미군이 웅장한 건물과 캠퍼스를 탐내며 비워 주지 않았고, 이에 대한 반영구적 사용마저도 고려하고 있었기 때문이다. 하지만 교수, 학생, 교우들의 끈질긴 노력 끝에 이듬해 2월, 안암캠퍼스를 반환받을 수 있었다. 3년 9개월 만에 '마음의 고향'으로 돌아온 것이다. 비록 도서관의 귀중 도서와 소장품이 많이 분실되는 아픔이 있었으나 또 다른 시작을 향한 힘찬 행진이 기다리고 있었다.

서울로 환도한 후부터 안암동으로 돌아오기까지의 한 학기 동안, 고려대학교는 같은 재단에 속한 계동의 중앙고등학교 교사 일부를 빌려 사용했다. 중앙고

2-28 대구 원대동 1165번지의 고려대학교 임시 교사(1951.9-1953.8)

2-29 1951년도 대구 임시 교사에서의 졸업식

2-30 미군 주둔하의 고려대학교 안암캠퍼스. 위 사진은 운동장에서 본 도서관, 아래 사진은 본관 앞에서 본 운동장

2-31 중앙고등학교 동관, 나카무라 요시헤이, 1923

2-32 중앙고등학교 본관, 박동진, 1935-37

등학교의 서관(1921)과 동관(1923)[그림 2-31]은 단정한 벽돌조 건물로서 당시 서울에서 활동하던 일본인 건축가 나카무라 요시헤이(中村與資平)가 설계한 작품이다. 그리고 중앙고등학교 본관(1935-37)[그림 2-32]은 흡사 고려대학교 본관과 도서관을 합성해 놓은 듯이 유사한 고딕풍의 석조건축물이다. 이 건물도 마찬가지로 박동진이 설계하고 후지타 고오기로가 시공을 담당했다. 고려대학교의 교수와 학생들은 중앙고의 본관을 바라보며 안암동으로의 귀환을 더 애타게 기다렸을 것이다. 중앙고등학교의 동관, 서관, 본관도 인촌의 손때가 묻은 건물들로서 모두 사적(史蹟)으로 지정되어 보호받고 있다.

6) 서관 건축(1954-55; 1959-61)과 석탑 삼부구성의 완성

전술했듯 도서관을 본관 동북쪽에 건축할 당시, 그 맞은편에는 대강당도 곧 들어설 예정이었다. 본관을 중심으로 좌우측에 건물이 세워지는 것이 균형에 맞을 뿐만 아니라, 이로써 중심에 서 있는 본관의 상징성과 권위가 한층 더 고양되기 때문이다. 그러나 일제 말, 암울했던 시대 상황이 이러한 계획을 무산시켰음도 이미 서술하였다. 해방을 맞이하고 보성전문이 고려대학교로 승격된 이후에야 다시금 새로운 건물의 확충에 대해 고려할 수 있었다. 한국전쟁 이전, 박동진은 인촌의 의뢰로 이 건물의 설계도를 준비하였다. 이 건물은 본관의 서쪽에 위치한다 하여(더 정확하게는 서남쪽에 위치함) 서관(西館)으로 명명되었는데, 문과대학이 이를 사용하게 됨에 따라 책을 뜻하는 서관(書館)도 의미하게 되었다. 마련

된 설계도에 따라 시멘트와 벽돌 등의 자재가 곧 반입되었고 대지의 정지작업도 완료되었다. 그러나 한국전쟁의 발발로 공사는 멈출 수밖에 없었다. 공사가 재개된 것은 고려대학교가 안암동으로 돌아온 지 3개월가량이 지난 1954년 5월이었다. 그 이듬해가 창립 50주년이니 서관 건축은 이를 기념하는 사업의 일환이 된다. 그러나 건물 모두를 1년 만에 완공하는 것은 불가능했다. 따라서 본관 쪽을 바라보는 남북 방향의 날개부만이 먼저 완성되어, 1955년 5월의 50주년 기념식에서 증정되었다.[그림 2-33] 전체 규모는 2층 1,370 m^2(415평)였다. 서관은 이전 건물들과 마찬가지로 석조와 철근콘크리트조가 혼합되었고 부축벽과 같은 소박한 고딕양식의 세부 묘사가 가미되었다. 한편, 나머지 부분의 공사는 1959년 5월 시작되어 2년 2개월 만인 1961년 6월에 마무리되었다. 이로써 서관은 6층 석탑을 포함해 연면적 5,491 m^2(1,664평)이 넘는 대형 건물로 자리매김한다. 서관은 본

2-34 서관 2차 준공(1961) 및 시계 설치(1964) 후의 전경

2-33 서관 1차 준공(1955) 후의 캠퍼스. 도서관 동쪽으로는 1956년 준공한 농과대학이 보인다

2-35 현재의 서관. 위 사진은 남서쪽에서 본 전경, 가운데 사진은 동측 모서리의 시계탑, 아래 사진은 서관 1차 준공된 부분과 확장된 부분의 접합부

관이나 도서관과 같은 고딕풍 건물이지만 탑 상부에 올린 시계탑이 가장 특징이다. 그러나 이 탑에 실제의 시계가 설치된 것은 1964년 여름의 일이다. 시계 자체가 고가였을 뿐만 아니라 부품을 해외에서 수입하는 등 기술적인 문제도 해결해야 했기 때문이다. 이 시계에서 정오마다 흘러나오는 민요 '새야 새야 파랑새야'의 선율은 고려대 학생들에게 한국인의 민족의식을 일깨우는 중요한 촉매제가 되었다. 서관의 전체 평면은 알파벳 E-자를 닮았다. 대운동장을 바라보는 쪽이 정면이라 하면, 그 뒤로 날개 셋을 뻗어낸 모양새이며, 우측 끝의 날개가 먼저 완공된 부분과 결합된다. 1961년에 확충된 각 부분은 평지붕이라는 면은 같지만 서로 층고와 층수를 달리한다. 즉, 정면부와 우측 날개가 3층, 좌측 날개가 4층, 중앙 날개가 2층으로 건축된 것이다. 1992년에는 정면부를 4층으로 증축하고 경사지붕으로 처리하였는데, 이 건물은 현재 연면적이 7,373㎡(2,230평)에 이른다.

1961년 서관이 완공된 것은 고려대학교 안암동 캠퍼스의 석조전 3개 동이 본관을 중심으로 좌우대칭의 구성을 완성했다는 점에서 큰 의미를 갖는다. 게다가 너른 운동장이 석탑 실루엣의 전경(前景)을 이루며 비움의 공간을 제시한다. 이러한 구성은 강당 앞에 마당을 두고, 그 양쪽에 동재와 서재를 배치한 한국 전통의 교육기관인 서원을 연상시키기도 한다. 그러나 고려대학교 석탑의 삼부구성에서 더 눈여겨볼 점은 도서관과 서관의 균형이 엄격한 대칭으로부터 온 것이 아닌 변화와 다양성으로부터 온 것이라는 사실이다. 두 건물은 평면도 서로 다르거니와 각각의 탑이 마무리된 형식도 다르다. 앞서 봤듯, 도서관은 탑 상단의 여장 및 모서리에 부착된 터릿이 특징이며, 서관은 시계탑이 건물 전체의 클라이맥스를 이룬다. 그럼에도 불구하고 이 탑들은 본관을 바라보는 면의 모서리에 배치되어 본관을 호위하는 듯하다. 그리고 두 건물의 평면과 매스는 서로 간의 대응과 긴장을 유지하는 가운데 본관의 중심성에 크게 일조하고 있다. 이 같은 다양성 속의 일치(unity in diversity), 혹은 일치 속의 다양성(diversity in unity)은 약간의 일탈도 거부하는 엄격한 좌우대칭의 권위주의로부터 진일보한 것으로, 듀크 대학의 도서관과 학생회관 역시 이러한 양상을 띠고 있다. 이는 불국사 석가탑과 다보탑이 보여 주는 일탈된 균형을 떠올린다. 그리고 유사한 예를 서양에서도 찾

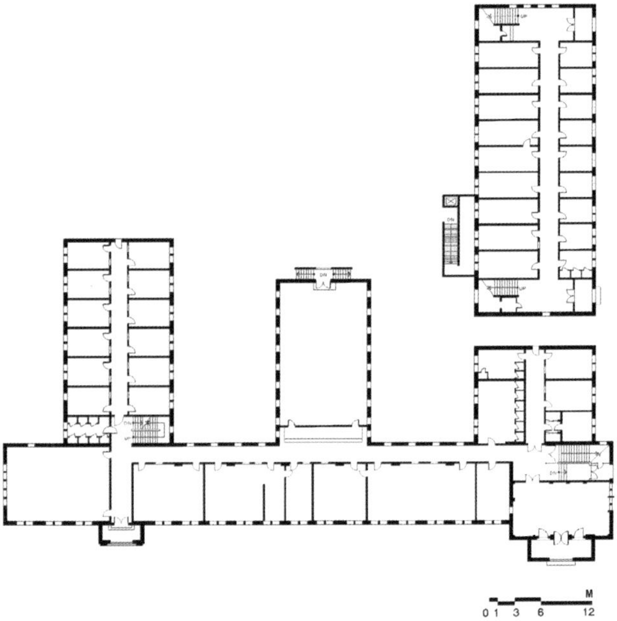

2-36 현재의 서관 1층 평면

2-37 석탑 삼부구성의 완성

-38 듀크 대학교 서(西) 캠퍼스 조감도. a. 채플, b. 퍼킨스 도서관, c. 학생회관, d. 데이비슨 빌딩

2-39 좌우 비대칭균형의 예. 왼쪽 사진은 샤르트르 성당의 정면, 오른쪽 사진은 불국사 석가탑과 다보탑

아볼 수 있는데, 중세 예술의 가장 고상한 예로 일컬어지는 프랑스의 샤르트르 성당(1134-1220)[그림 2-39]은 (비록 이를 부정적으로 여기는 의견도 있었지만) 서측 정면부에 비대칭의 쌍탑을 갖는다. 요컨대, 서관 건축으로써 고려대학교 석탑의 삼부구성이 완성되었고, 이들의 스카이라인이야말로 고려대학교 캠퍼스의 이미지를 결정짓는 주요 인자가 된 것이다.

7) 석조고딕 모티프의 지속과 변용: 농과대학〔사범대학〕(1955-56), 외인교수사택 (1956), 신관〔강당〕(1956-57) 및 여학생회관 (1958)

서관의 완성과 함께 고려대학교의 중심 건축물군은 비로소 자리를 잡고 균형을 이루게 되었다. 캠퍼스 전체의 건축적 발전을 통시적으로 조망할 때, 이는 분명 하나의 발전 단계를 일단락 짓는다는 데에 의의가 있다. 그러나 당시 고려대학교의 건축물 확충이 서관 하나에서 멈춘 것은 아니었다. 피난 중에 크게 증가한 학생을 모두 수용할 공간이 필요했고, 그간 신설된 농과대학과 이학부를 위한 실험 시설도 필요했다. 즉, 환도 후 서관의 신축을 전후하여 크고 작은 건축물들이 여럿 들어섬으로써 명실상부한 종합대학으로서의 면모를 갖추기 시작한 셈이다. 이때 지어진 건축물들도 박동진이 설계를 담당한 것으로서 대개 석재 외장의 고딕 모티프를 지속시킨다.

도서관의 동쪽 편에 건축된 농과대학(1955-56)은 석조 2층 1,716㎡(520평) 규모로 1956년에 준공하였고, 1958년 12월에는 3층으로 증축되었다. 이 건물은 1976년 농과대학이 애기능 자연계 캠퍼스의 신교사로 이주한 이래 사범대학 본관으로 사용된다. 1956년 8월, 현 정경관 자리에 양옥으로 세워진 외인교수사택(1956.8)은 평활한 벽면과 개방적 테라스 등에서 근대적 삶을 담는 풍모를 보인다. 그럼에도 일부 벽면이 이전 건물들과 같은 패턴의 화강암으로 외장되어 캠퍼스 분위기의 일관성을 유지한다. 서관 전면의 하단에 세워진 신관(新館, 1956-57)은 20년 전부터 추진되던 대강당 건축의 실현이다. 1,474㎡(446평)

2-40 농과대학 교사. 처음 준공 당시(1956) 모두 박공지붕이었으나(2-33 참조) 1958년 남측의 2층 부분이 3층으로 증축되며 평지붕을 갖게 되었다. 1977년부터 사범대 건물로 사용되고 있다

2-41 외인교수사택(철거). 현재의 정경관 자리에 있었다

2-42 신관[대강당]. 위 사진은 전경, 아래 사진은 모서리 출입구

규모의 이 건물은 7백 명 수용의 강의실 1개와 3백 명 수용의 강의실 2개로 이루어졌다. 학생 수의 증가에 따라 3–4백 명 규모의 대형과목이 생겨났기 때문이다. 전체적으로 평면은 L-자형이며 단층이지만 강의실이 계단형이기 때문에 후면 아래에는 부속실이 마련될 수 있었다. 이 건물의 뾰족아치와 부축벽은 본관 이래의 고딕풍 모티프를 계승한 전형적 요소이다. 그러나 두 날개가 만나는 안쪽

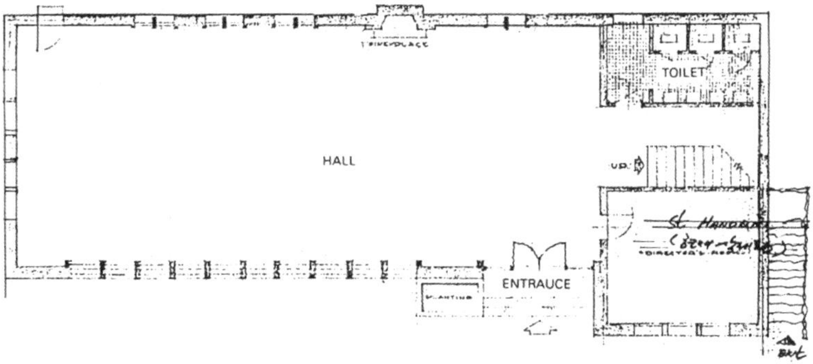

2-43 여학생회관(철거). 위는 정면 사진, 아래 그림은 1층 평면도

모서리를 사선으로 처리하여 납작한 아치의 출입구를 두고, 그 상단을 여장으로 마무리한 점은 이 건물만의 특징이다. 한편, 본관과 도서관의 후면에는 연면적 396㎡(120평)의 교수회관 겸 여학생회관(1958.7-12)이 건축된다. 이 건물은 외벽의 상당 부분을 화강암으로 거칠게 마감함으로써 이전 건물들의 석조 모티프를 지속하지만 그 가운데에서도 근대주의 건축으로의 이행을 잘 보여 준다. 우선 1, 2층의 단순한 사각형 평면이 기둥이나 내벽이 없는 넓은 무주공간(無柱空間)으로 처리되어 다목적 기능을 가질 수 있게 된 점이 근대적이다. 또한 정면 좌측 창의 규칙적이고 명쾌한 배열이 그러한데, 이는 두 층을 관통하는 수직 멀리온

(mullion)에서 비롯된 것이다. 이 일련의 수직재는 전면부 너비가 18cm로서 창틀로 보일 만큼 가늘지만, 내부의 무주공간을 위해 60cm의 깊이를 가짐으로써 기둥의 역할을 대체하고 있다. 이러한 공간적, 기능적, 시각적, 구조적 합리성을 통해 건축가 박동진은 여학생회관의 석재 마감 속에서도 근대건축으로의 전환을 시사했다고 하겠다. 이 건물은 2006년 동원글로벌리더십홀의 신축을 위해 철거된다.

3. 근대주의 건축의 도래 및 캠퍼스 마스터플래닝: 1960-85년

1960년대의 고려대학교 캠퍼스 건축에 있어서 가장 두드러진 점으로는 근대주의 건축의 도래를 꼽을 수 있다. 이는 크게 두 가지의 상황과 맞물린다. 하나는 건축가 박동진이 석조건축의 이미지에서 탈피하여, 근대주의 건축으로 완전한 전환을 보였다는 점이다. 과학관(1959.8-1960.12), 박물관(1961.10-1962.5), 이공대학(1957.9-1964.10) 등이 바로 그 예이다. 전술했듯 그는 이미 여학생회관에서 이러한 전환을 시사한 바 있다. 또 다른 하나는 1963년 12월에 신설된 건축공학과에 1965년 이정덕(1933-2014)이 첫 번째 전임교수로 부임한 사실이다. 그는 당시 서울대학교를 거쳐 미국 워싱턴주립대학교에서 막 건축석사를 마친 32세의 신진기예였다. 그때부터 고려대학교 건축사의 무대에서 연로한 박동진은 퇴장하고, 이정덕이 새로이 떠오른다. 그의 교육 배경과 당시 우리나라의 건축 경향에서 알 수 있듯 이정덕의 건축은 기본적으로 근대주의에 입각해 있다. 그의 등장이 갖는 또 다른 중요성은 캠퍼스 마스터플랜에 대한 일관된 아이디어에 있다. 앞에서 언급했던 석탑의 삼부구성에도 캠퍼스 전체의 배치에 대한 기본적 원칙이 전제되어 있다고 볼 수 있다. 그러나 캠퍼스가 확장되고 여타 건축물들이 속속 들어서는 상황에서 더욱 적극적인 계획의 원칙이 필요했는데, 이정덕이 이

3-1 박물관, 박동진, 1961-62. 건축 당시 우리나라 최대 규모의 박물관 건물이었다. 그러나 박물관 기능이 2005년 백주년기념관으로 이전하며 이 건물은 철거된다

3-3 농과대학 신교사, 이정덕, 1975-76

3-2 1965년 고려대학교 임용 당시의 이정덕(1933-2014)

3-4 개관 당시의 기숙사[안암학사 1·2동], 이정덕, 1978-80

를 구체화시켰다고 하겠다. 특히 그는 정문에서 본관에 이르는 중심축을 강조했다. 그리고 본관을 중심으로 가까운 건물에는 석탑의 이미지를 표상해야 하지만 먼 건물에는 현대적 양식을 갖출 것을 주장한다. 그가 실제로 설계하거나 계획했던 정문(1969), 게스트하우스(1970), 학생회관(1970–71), 경영관(1971–72), 중앙도서관 신관(1974–77), 농과대학 신교사(1975–76), 기숙사(1978–80) 등에서 이러한 입장을 확인할 수 있다.

건축에 있어서 근대주의, 즉 모더니즘(modernism)이란 기능에 의거한 근대적 합리성과 효율성을 추구하는 입장으로 요약할 수 있다. 그 결과 전통적 장식이 배제된 단순성, 평지붕 및 평활한 벽면, 창호 배열의 규칙성, 자유로운 공간 구성 등이 건물의 가장 중요한 특성으로 부각되었다. 1920년대 말의 유럽에서 절정에 달했던 근대주의 건축은, 1930년대 미국을 통해 국제주의 양식(The International Style)으로 환원되어 전 세계에 퍼진다. 특히 이러한 건축이 내포한 대량 생산의 용이성은 제2차 세계대전 후의 복구사업에 적극 도입되었는데, 이로써 세계 각지에 유사한 건축물을 양산하는 부정적인 결과를 초래하기도 했다. 그리고 이것은 1960년대 후반부터 대두된 포스트모던 건축가들에게 비판의 빌미를 제공하게 되었다. 그럼에도 불구하고 각지로 전파된 근대건축은 그 지역의 전통과 만나 다양한 변이를 일으키며 새로운 가능성의 토양을 일구기도 한다.

1960년대가 되어서야 비로소 고려대학교 건축에 근대주의가 출현한 것은 세계적 흐름보다 한 세대가 늦은 것이다. 그러나 보성전문 이래 고려대학교의 역사에서도 보았듯, 우리나라의 수난과 특수했던 현실은 다른 분야에서와 마찬가지로 건축의 발전을 지연시킨 인자였다. 그리고 고려대학교에 근대주의가 도래하였다 하여 당시의 모든 건물이 엄정한 근대주의 미학을 추구했다고 말하기는 어렵다. 근대주의로의 전환은 미학이 우선했다기보다 경제적 현실을 반영한 합리적 선택인 경우가 많았고, 때로 임시방편의 조립식 건물이 들어선 적도 있다. 게다가 고딕석탑의 영향력은 여전히 지속되었다. 중앙도서관 신관이나 경영관에서 볼 수 있듯, 본관과 가까운 쪽의 건축물들은 이정덕의 제안에 따라 직간접

3-5 1961년 캠퍼스 전경. 캠퍼스 남서 끝에 T-자형 과학관이 보이며, 그 앞에 이학부 임시 실험실 3개 동이 아직 존재하고 있음을 확인할 수 있다

적으로 석탑의 이미지를 차용하고 있다. 전술한 건물 이외에도 이 시기에는 아세아문제연구소(1965-66), 홍보관(1966-68), 실내체육관(1968), 운동부 연수관(1976), 애기능 학생회관(1981-82), 과학도서관(1982-83), 법과대학(1983-84), 정경관(1983-84), 체육생활관(1984-85) 등 많은 건물이 세워지며, 고려대학교 캠퍼스의 모습을 더욱 다져 나갔다. 이번 장에서는 이 가운데 가장 대표적인 건물만을 사례로 들어 살피고자 한다.

1) 과학관〔교양관〕(1959-60)

1955년에 이학부 실험실 3개동이 목조 단층으로 서관과 강당의 남쪽 끝에 건축된 바 있다. 그러나 이것은 임시방편이었으며, 5년 후인 1960년 바로 그 옆에 이학부를 위한 보다 영구적인 과학관이 건축된다. 지상 3개 층에 연면적 5,400㎡(1,635평)를 가진 이 과학관은 보통 'T-자형 건물'로 명명될 만큼, 전체적으로는

3-6 1968년 4층으로 증축된 이후의 교양관

3-7 초기의 이공대학, 박동진, 1957-64

3-8 정면에 유리가 덧입혀진 현재의 '제2공학관'

그 평면형이 가장 인상적이다. 그러나 건축사적 관점에서 더 중요한 것은 전술했던 바와 같이, 박동진이 이 건물에서 고딕석탑의 이미지를 벗어나 근대주의 미학을 충실히 보여 줬다는 사실이다. 과학관은 주요 구조체와 화강암 외장재가 혼재했던 이전의 주요 건축물들과는 달리 철근콘크리트 골조(와 여기에 추가된 벽돌 조적조)가 합리적으로 사용되었으며, 그 특성이 공간과 외관에도 그대로 드러난다. 특히 운동장 쪽을 향하는 정면이 보여 주는 격자 루버의 규칙성, 간결함, 경쾌함은 국제주의 근대건축의 가장 중요한 특성이라 하겠다. 박동진이 과학관에서 근대주의로 전환하게 된 요인은 여러 가지로 해석할 수 있다. 무엇보다 중심의 석탑으로부터 멀리 떨어져 있다는 점이 중요한 배경일 터이며, '과학관'이 상징하는 근대적 합리성 역시 고려했을 것이다. 더구나 여러 건물들이 동시에 들어서는 상황에서 공사비의 절감이야말로 결정적인 이유였을 텐데, 피난 시절 박동진이 미군 공병단의 일에 참여했던 경험 역시 영향을 미쳤던 것으로 보인다(안창모, 1997).

이 건물의 완공으로 이학부는 각종 최신식 실험실을 안전히 구비하게 되었을 뿐만 아니라, 각 학과의 교육 공간을 넉넉히 확보할 수 있었다. 그리고 1968년에는 기존의 3층 건물이 4층으로 증축됨과 동시에 자연계 애기능에 있던 교양학부와 과학관의 이학부가 자리를 맞바꿨다. 이에 따라 건물명이 교양관으로 바뀐다. 그후 교양관은 2002년 철거되기까지 40여 년간 고려대학교의 역사와 함께 한다.

2) 이공대학 본관〔제2공학관〕(1957-64)

자연계 캠퍼스에 세워진 이공대학 본관은 원래 의과대학 신설을 위해 1957년 착공된 건물이었다. 그러나 그 계획이 학교의 제반 사정으로 무산되어 건물 뼈대만이 수년간 방치되게 된다. 그러던 중 1963년 8월 재개된 공사로 건물 일부가 완공되어 1964년 3월부터 교양학부 교사로 사용되기 시작했다. 현관을 중심으로 동쪽은 교양학부가, 서쪽은 공학부가 사용했는데, 서로 다른 성격의 학부가 한 건물에 둥지를 틀게 된 셈이다. 1968년 7월에 이르러 인문사회계 쪽의 과학관을 사용하던 이학부가 교양학부와 자리를 바꾸게 되면서 이 건물은 이공대학 본관으로 자리매김한다. 그리고 그해 여름, 애기능 쪽으로 꺾인 건물 양측이 증축되어 연면적이 12,342㎡(3,740평)에서 13,450㎡(4,038평)으로 확장되었다. 또한 이 건물의 서측과 동측으로는 1971년 6월과 11월, 각각 서관(현 공학관 별관)과 동관(현 이학관 별관)도 들어선다. 이후 30여 년이 지난 1990년대 중반 테크노콤플렉스가 조성되며 이과대학과 공과대학은 각자의 건물을 갖게 되었고, 이 건물은 '제2공학관'이라 하여 한풀 강등된 이름으로 불리게 된다.

이 건물은 5층 철근콘크리트조로서 애기능을 뒤로 감싸는 얕은 ㄷ-자 형태를 띠고 있으며, 중앙의 계단실을 중심으로 좌우가 대칭이다. 정면은 남남동을

3-9 1970년대의 홍보관, 1966-68

3-10 홍보관의 현재 모습

향하며 남문과 조우하는데, 1983년도에 완공된 과학도서관과 북문이 함께 축을 이루어 자연계 캠퍼스에 근엄한 권위를 부여해 왔다. 이러한 고전적 권위에도 불구하고 이공대학 본관은 과학관과 더불어 박동진이 고려대학교에 설계한 가장 대표적인 근대주의 건물이다. 건물 뼈대는 시멘트 모르타르 위 페인트 도장으로 마감되었고, 일부분에 타일이 부착되었으며, 규칙적 창호의 배열이 특징이다. 과학관의 격자에 수평성보다 수직성이 더 강조되었다면, 여기서는 정면의 층 사이를 가로지르는 다섯 줄의 수평 차양이 입면을 결정지으며 근대주의 미학을 선보였다고 하겠다. 그러나 1980년대 중반 정면에 전체적으로 유리창이 한 겹 덧입혀져 현재는 원래의 담백했던 인상이 크게 희석되었다.

3) 홍보관 (1966-68)

서관과 과학관 사이의 공간에 위치한 홍보관은 고려대학교에 현존하는 근대주의 건축의 중요한 예이다. 이 건물은 고대신문사, 고대방송국 등의 설비를 포함하는 연면적 약 1,980㎡(600평)의 3층 건물로 1968년에 처음 건축되었다. 홍보관의 가장 큰 특징은 정면 중앙에 우뚝 선 계단실 타워로서 그 판상형 매스가 무척 경쾌할 뿐만 아니라 양쪽에 서로 다른 폭만큼 물러선 건물 몸체를 갖는다. 좌측에는 구조체이자 공간 분할의 기준이 되는 수직 기둥이 벽면에 돌출되어 시각적 리듬감을 주고, 그 사이에 정연히 배열된 창을 감싼다. 타워 우측의 경우 수평의 베란다가 특징적이며 그 안쪽으로 수직 기둥은 훨씬 둔화되어 나타난다. 이 같은 수직성과 수평성에 대한 제각각의 두드러짐은 마치 과학관과 이공대학 건물의 특성을 동시에 넌지시 연상시키기도 하고, 그 비대칭의 균형은 고대 석탑의 삼부구성 원리 역시 반향하는 듯하다. 1996년 우체국을 포함하는 별관이 이 건물 후면에 연결되어 세워졌고, 이듬해에는 본관의 계단실 좌측부와 별관이 4층으로 증축된다.

복지시설 만전 기할터

○사진 : (上) 메인캠퍼스모형도 (下) 본교마스터 플랜모형도

3-11 고려대학교 초기 마스터플랜 모형(출처: 『高大新聞』, 1969.1.1)

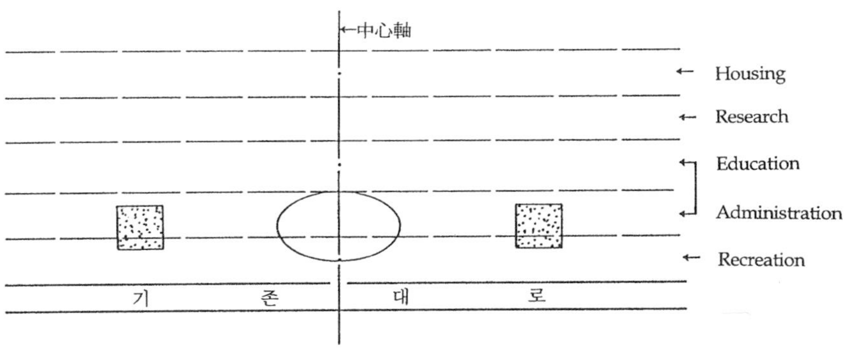

고려대학교 본교캠퍼스 ZONING

3-12 이정덕의 마스터플랜에 따른 고려대학교 캠퍼스 구획

4) 캠퍼스 마스터플랜 (1968-69)

고려대학교 캠퍼스의 마스터플랜은 1969년 학생회관의 위치를 정할 때 이정덕에 의해 입안되었고, 교문을 현재의 캠퍼스 중심축으로 옮기며 확정되었다. 당시의 마스터플랜은 이후의 건축사업을 위한 가장 강력한 기준이 되었는데, 그가 『고대신문』에 게재한 「발전 속의 조화를 갖춘 캠퍼스로」(1991.3.11)라는 글은 이를 잘 보여 준다. 그 내용을 요약하면 다음과 같다.

첫째, 본관-인촌동상-대운동장-정문이 중심축을 이루어야 한다. 둘째, 캠퍼스가 대로에 가로 방향으로 접해 있으므로 소음과 동선을 감안한 '대상용지계획(帶狀用地計劃, Belt Type Zoning)'이 필요하다. 즉, 도로에 접한 쪽에는 학생회관(서쪽)과 실내체육관(동쪽)을 둔 과외활동시설 지역으로 설정하며, 뒤로는 차례로 본관을 중심으로 한 교육 및 행정시설 지역, 도서관과 박물관을 둔 연구시설 지역, 기숙사와 교수사택의 주거 지역으로 한다. 그리고 대운동장 이외에도 학생회관(서쪽)과 경영관(동쪽) 앞에 광장을 둔다. 셋째, 모든 건물은 직각 또는 평행으로 배치한다. 넷째, 건물 높이는 걸어갈 수 있는 범위인 5-6층 한도에서 정하며, 학생 다수가 10분 내에 다른 강의실로 이동 가능토록 배려한다. 다섯째, 건물 외장재는 몇 가지로 제한하며, 동질성을 유지한다. 여섯째, 석조양식은 본관을 중심으로 가까운 건물에 한정하며, 먼 곳의 건물은 현대적 양식으로 건설한다.

마지막으로 이정덕은 이 같은 원칙이 학교 관리책임자가 바뀌어도 준수되어야 한다고 강조했다. 이 원칙은 한동안 강력한 힘을 발휘하며 고려대학교 건축의 규범으로 작용한다.

5) 정문 (1965; 1971)

고려대학교는 안암캠퍼스에 터를 잡은 지 30여 년 동안 그 위상에 걸맞은 교문 하나 없는 상태였는데, 교우회가 창립 60주년을 기념하여 1965년 교문을 헌정하였다. 이를 위해 교우회는 고려대학교의 상징성, 화강암 외장의 문주 및 철제문, 차량 통행용 중앙 출입구와 양쪽의 보행자용 출입구 등과 같은 요목을 제시하며 그해 3월 현상공모를 진행한다. 그리하여 교문은 연합건축 김만성의 설계대로 같은 해 10월 완공되었다. 이 디자인은 버팀벽과 여장 등 고려대학교의 고딕석탑 모티프를 견지하면서, 한 쌍의 아치 구조물을 통해 중앙의 출입구와 양쪽 보행자용 문을 형상화하였다. 그리고 양쪽 아치 머리에 호랑이 두상을 조각함으로써 고려대학교의 상징성을 배가시켰다. 신축된 교문은 그때까지의 주출입구 위치를 따라 캠퍼스 남서쪽 끝에 자리 잡았다. 교문을 들어서면 우측으로 대강당과 서관을 대면하게 된다. 그러나 이정덕의 마스터플랜은 캠퍼스의 균제미와 품격을 위해 교문이 본관과 대운동장을 관통하는 축상에 놓여야 함을 제안한다. 결국 교문의 위치는 1971년 현재의 장소로 이전하며, 이정덕의 설계에 따라 확대된 크기의 정문이 세워진다. 하지만 구 교문의 기본 모습은 거의 그대로 간직되었다.

6) 학생회관 (1970-71) 및 상과대학 종합교사[경영본관] (1970-72)

학생회관 건립은 학생들의 오랜 염원이었다. 특히 그동안 여러 군데 흩어져 있던 식당, 이발소, 서점 등을 이곳에 집중시킬 수 있었고, 세미나실이나 동아리방 등 학생들의 자치공간이 확보될 수 있었기 때문이다. 한편, 법학과와 더불어 고려대학교에서 가장 역사가 깊은 상과대학 역시 1964년에 개원한 경영대학원까지 아우를 수 있는 종합교사 건립을 준비해 왔다. 이러한 가운데 이정덕의 캠퍼스 마스터플랜이 입안되었고, 따라서 이 두 건물은 그 마스터플랜을 직접적으로 반영했다는 점에서 큰 의의를 갖는다. 전술했듯 대운동장 서편의 학생회관은 소음의 지장을 상대적으로 덜 받기 때문에 도로변의 과외활동시설 지역에 놓이며, 동편의 상과대학은 한 단계 안쪽의 교육시설 지역에 배치되었다. 그리고 각 건물의 앞에 조성된 광장은 대운동장 건너 서로 간의 대응점이 된다. 학생회관은 도로를 등지고 광장을 북서쪽으로 면하는데, 민주광장으로 명명된 이 오픈스페이스의

3-13 현재의 정문이 세워지기 전까지의 교문. 위 왼쪽 사진은 1941년 촬영된 안암캠퍼스의 허름한 교문, 위 오른쪽 사진은 1962년 촬영된 주출입구의 교문 자리(신설동 쪽에서 등하교하는 학생 수가 많았기 때문에 주출입구는 캠퍼스 중심축이 아닌 남서쪽 끝에 자리 잡았다), 아래 사진은 현 교문의 원조, 연합건축 김만성, 1965(창립 60주년을 기념하여 교우회에서 헌정하였다)

3-14 현재의 정문, 이정덕, 1971. 캠퍼스 마스터플랜에 따라 본관과 축을 이루는 현재의 위치에 자리 잡았고, 구 교문의 크기를 확대하였다

3-15 프린스턴대 로버트슨관, 미노루 야마사키, 1965. 학생회관 설계를 위해 이정덕 교수가 참조했을 것으로 추정된다

3-16 학생회관, 이정덕, 1970-71

3-17 현재의 학생회관

3-18 상과대학 종합교사, 이정덕, 1970-72

3-19 현재의 경영대학 본관

나머지 세 면은 교양관, 홍보관, 그리고 대강당으로 둘러싸인 형국이 되었다. 상과대학은 캠퍼스 동편의 텅 빈 공지에 세워졌기에 대운동장을 바라보는 배치가 가장 자연스러운 것이었다. 따라서 그 앞의 광장 역시 대운동장을 향하게 된다.

그러나 이 같은 건물의 배치 및 좌향 못지않게 흥미로운 것이 두 건물의 대조적 건축 특성이다. 이정덕은 이를 여성적 곡선미와 남성적 직선미로 나누어 설명한다. "학생회관은 사랑방의 기능을 가졌고, 따라서 길가에 나와 앉아 있으며 그 디자인의 주조는 여성적 감미로운 곡선임에 비해 이 상대 교사는 그 위치가 대응되는 곳에 있고 용도도 대조되므로 남성적 직선을 주조로 하였다. 아폴로 발사 시의 날쌘 직선적 궤적을 기둥 조형의 모티프(motif)로 한 것도 이 때문이었다."(이정덕, 「新築 商大綜合校舍」, 『고대신문』, 1972.5.23)

일련의 늘씬한 기둥열이 건물 네 면을 둘러싼 모습이 학생회관의 가장 큰 특징인데, 그가 설명하는 이 건물의 곡선은 기둥 상단의 반복되는 아치가 만들어 내는 효과이다. 이러한 입면은 고딕성당의 실내외를 뒤집으며 근대주의적으로 번안한 것이라 할 만하다. 고딕의 높고 가는 기둥과 천정에서 갈라지는 궁륭(vault)의 뼈대가 여기에서 단순미의 옷으로 갈아 입었다. 그뿐만 아니라, 학생회관의 기둥열 부분과 최고층 부분이 고딕성당 내부의 아케이드와 갤러리 층마저 연상시키기 때문이다. 그러고 보니 (조금 더 고찰이 필요하지만) 이러한 특성은 매우 흡사한 구성을 보이는 프린스턴 대학의 로버트슨관(1965)을 참조했던 게 아닐까 싶다. 이 건물은 일본계 미국인 건축가인 미노루 야마사키(1912-86)가 디자인했는데(모더니즘 건축의 죽음을 상징하며 폭파된 '프루트이고 아파트'와 9.11 테러의 대상이었던 '세계무역센터'를 설계한 이가 바로 이 '비운의 건축가' 야마사키이다), 그의 작품은 모던 건축에 고딕적 이미지를 가미했다는 평을 받는다. 프린스턴의 고딕풍 모티프에 경의를 표한 근대주의적 로버트슨관은 유사한 콘텍스트의 고려대학교 학생회관을 고무하기에 충분했을 것이다. 한편, 이 건물의 널찍한 계단과 오픈 데크는 마주 보는 민주광장의 집회를 위한 옥외무대로서 디자인되었다.

상과대학 건물은 입면에 수직 기둥이 반복된다는 점에서 학생회관과 유사하나 곡선적 요소가 부재하다는 차이가 있다. 그리고 3층부터 기둥이 앞으로 점점 내밀어져 폭이 더해간다는 (이정덕의 표현으로 '날쌘 직선적 궤적을 갖는') 특징이 있다. 그러나 이보다 더 중요한 바는 건물 양쪽 모서리 부위와 측면을 거친 석재로 마감했다는 사실이다. 이것이야말로 학생회관의 여성적 우아함과 대비되는 이 건물의 남성적 특성이며, 인접한 도서관 및 석조 건축물들에 최소한의 예를 표한 것이라 할 수 있다. 학생회관은 근래 내부를 리노베이션했고, 부족한 공간 확보를 위해 지금은 옥상에 그다지 어울리지 않는 유리 상자를 이고 있다. 현재의 경영대학 본관인 상과대학 교사도 리노베이션됨으로써 현대화된 반면, 이정덕이 애초에 선보였던 기둥의 직선적 조형미는 거의 상실했다.

7) 중앙도서관 신관 (1974-77)

창립 30주년을 기념하여 건립되었던 기존의 도서관[중앙도서관(대학원)]처럼,

3-20 중앙도서관 신관, 이정덕, 1974-77

중앙도서관 신관이 학교 창립 70주년을 기념하며 건축되었다. 고려대학교의 팽창과 더불어 도서관 확장이 불가피했기 때문이다. 구관 옆에 나란히 서게 된 도서관 신관은 이정덕의 기본 설계에 따라 1974년 6월 착공하여 1977년 12월 준공되었고, 도서관 이전 작업 후 이듬해 3월 개관하였다. 지하 1층, 지상 4층의 L-자 평면을 갖는 신관은 14,390㎡(4,353평)의 연면적에 구관의 7배에 이르는 장서를 보유할 수 있는 규모였다. 이 건물의 가장 큰 특징은 구관의 석조고딕 이미지를 지속했다는 사실이다. 건물 전체가 화강암 혹두기로 거칠게 마감되었고, 뾰족아치의 출입구 타워는 돌출되었으며, 그 상부에 여장을 갖는다. 그러나 구관에 비하면 고딕의 모티프가 상당히 단순화되어 현대적 감각마저 머금는데, 이로써 내부의 현대적 시설을 암시한다고 하겠다. 부축벽이 일반 벽체와 크게 구별되지 않을 만큼 얇게 한 단만 돌출된 점이나, 부축벽과 창문 사이의 스팬드럴(spandrel)이 평활한 면으로 처리된 점 등이 그 예이다. 이 건물은 2004년 일부 리모델링되어 현재에 이른다.

8) 과학도서관 (1982-83)

과학도서관은 건축공학과 박윤성 교수의 기본계획을 근간으로 1982년 4월에 착공하여 이듬해 9월 준공되었다. 1960년을 전후하여 개발이 시작된 애기능의 자연계 캠퍼스는 인문사회계 캠퍼스에 비해 시설이 열악했다. 과학도서관 건축 이전에 존재하던 건물은 이공대학 본관[제2공학관](1957-65), 농과대학 신교사(1975-76), 애기능 학생회관(1981-82)을 비롯한 대여섯 동에 지나지 않았다. 지하 1층, 지상 5층, 연면적 18,756㎡(5,674평)의 과학도서관 신축으로 자연계는 자체만의 도서관을 갖게 되었고, 그간 부족했던 시설을 확충할 수 있었다. 과학도서관은 남쪽의 이공대학 본관보다도 더 얕은 ㄷ-자 형태의 평면을 가지며, 북쪽에서 애기능을 감싸는 듯한 모양새를 취한다. 그리고 전술했듯 이공대학, 애기능, 북문이 이루는 남북축상에 놓이며 자연계 캠퍼스의 중심을 잡고 있다. 이런

3-21 준공 당시의 과학도서관, 박윤성, 1982-83(출처: 『창립20주년기념 건축공학과요람』, 1984)

3-22 현재의 과학도서관. 2006년의 리모델링으로 출입구 캐노피 및 실내 동선이 일부 변화되었다

배치는 좌우대칭인 건물 자체만의 구성에도 이어진다. 과학도서관은 고려대학교 최초로 중앙집중식 에어컨 시설을 갖추고 여섯 대의 엘리베이터를 설치함으로써 과학고대로 발돋움하려는 의지를 상징적으로 보였다. 건물 외벽을 흰색 타일로 마감한 것 역시 새로운 시도라 하겠다. 2006년 일부 리모델링되며 출입구 및 계단실의 동선이 변화되었다.

9) 법학관 (1983-84) 및 정경관 (1983-84)

1983년에서 1984년 사이 건축된 법과대학과 정경대학 건물은 모두 박윤성의 기본 설계를 근간으로 하였다. 법학관은 반지하 1층, 지상 4층, 연면적 4,132㎡ (1,250평) 규모의 철근콘크리트조 건물로서 중앙도서관 신관과 구관 사이의 후면에 위치해 있다. 정면과 배면의 경우 백색의 평활한 벽면과 수직 기둥으로 틀을 짜고 후퇴된 사이 면을 암갈색 창호로 마감함으로써 근대주의 분위기를 물씬

3-23 법학관, 박윤성, 1983-84

3-24 정경관, 박윤성, 1983-84

3-25 지붕층 증축(1992-93) 이후의 정경관. 경사가 두 번 꺾인 맨사드 지붕이 독특하다

3-26 현재의 정경관. 2003년 리모델링으로 모습을 일신했다

풍긴다. 그러나 양 측면은 도서관 건물과 마찬가지의 화강석 거친다듬으로 마무리되었다. 한편, 정경관은 홍보관과 교양관 서측인 기존의 외인교수사택 자리에 위치하게 되었다. 이는 지하 1층, 지상 5층, 연면적 6,930㎡(2,100평), 철근콘크리트조로 계획되었으나 변색 붉은벽돌로 외벽을 마무리한 점이 가장 인상적이었다. 초기에는 평지붕이었으나 1993년 지붕층이 증축되면서 경사가 두 번 꺾인 독특한 맨사드 지붕으로 바뀌었다. 2003년에는 리모델링 공사를 통해 화강석 마감으로 모습을 완전히 바꾸게 된다.

4. 캠퍼스 확장 및 건축의 현대화: 1985-2000년

고려대학교는 안암동에 자리를 잡은 후, 조직과 시설을 지속적으로 확대했다. 특히 1980년 설립되어 단계적으로 모습을 갖추어 나가던 조치원 서창캠퍼스(현 세종캠퍼스)는 고려대학교의 외적 확장을 보여 주는 가장 중요한 단면이다. 서울의 안암동을 중심으로 본다면 1980년대 후반부터 자연계 뒷산에 개발한 녹지캠퍼스가 팽창하는 고려대학교의 규모를 보여 주는 좋은 예라 하겠다. 녹지캠퍼스 개발은 1969년에 처음 구상되어 1986년 '녹지캠퍼스 조성계획' 발표와 더불어 시작되었다. 전체적인 마스터플랜과 기본 설계는 당시 한국 건축계의 원로였던 이천승(1910-92)이 맡았다. 이 프로젝트는 종합대운동장 및 노천극장을 조성함과 동시에 1971년 우석대학교로부터 병합했던 명륜동의 의과대학과 부속병원을 안암동으로 이주시키기 위함이었다. 그리고 고려대학교에 없었던 예술대학도 장차 여기에 수용할 예정이었다. 그 영역은 본관 뒤편의 산자락에 세워졌던 기숙사까지를 아울러 인문사회계와 자연계를 빙 둘러 이어 주는 연결고리가 된다.

한편, 1987년부터 수립하기 시작했던 고려대학교 장기종합발전계획안이 1988년 7월 발표된다. 이것은 교육의 내실화와 연구의 활성화, 대학 및 학과의

4-1 조치원캠퍼스 종합계획

신설, 대학원의 발전, 의료원의 발전, 시설 확충 계획, 직제 조정 등을 골자로 하며, 개교 100주년이 되는 2005년을 타깃으로 하여 단기, 중기, 장기의 목표를 수립한 것이다. 이 가운데 시설 확충이 가장 가시적이라 할 수 있는데, 발표 당시 이미 경영관 신관, 사범대 신관 증축, 의과대학, 인촌기념관, 기숙사 신증축 등의 항목이 진행 중에 있었다.[그림 4-2] 이 계획안은 학생들의 자치공간 문제나 서창캠퍼스와의 이해상충 문제, 계획안의 온전한

주요 시설 확충 계획

계획기간	교육·연구시설			행정·복지시설			의료원·기타시설		
	공사명	규모(평)	금액(억원)	공사명	규모(평)	금액(억원)	공사명	규모(평)	금액(억원)
단기계획 (1987~1991)	경영관증축*	1,242	14	기숙사증축*	5,100	51	의대부속병원*신축	13,505	266
	사범대증축*	513	4.5	인촌기념관신축*	1,920	39	구로병원증축	470	9
	이과대학신축	4,000	45	여학생회관증축	100	1	안산병원증축	2,973	55
	의과대학신축*	5,422	90.2	서창기숙사신축및증축*	3,865	39	여주병원증축	800	12
	자연과학대학신축	3,000	35	서창학생회관신축	1,500	15	총장공관신축*	180	3
	보건학계열대학신축	2,500	25	수련관증축	1,500	15	녹지캠퍼스개발*	—	18.5
	서창도서관신축*	2,600	27				서창운동장개수*	—	0.4
	어학관신축	1,000	10				기타공사	—	1.6
	서창제5교육동증축	460	3.5						
소계		20,737	254.2		13,985	160		17,928	365.5
중기계획 (1992~1996)	법학관증축	1,000	10	기숙사증축	2,300	23	구로병원증축	5,200	88
	과학종합기기센타신축	2,000	25	복지관신축	1,500	20	안산병원증축	3,000	75
	농과대학증축	500	5	서창본관신축	1,200	15	연구동신축	1,416	28
							여주병원증축	750	18
	예술계열대학신축	2,500	27	서창기숙사증축	2,500	25	박물관신축	2,000	30
	공업기술계열대학신축	4,000	50	서창여학생회관신축	200	2	서창강당신축	1,000	10
	서창도서관증축	1,400	15				서창종합운동장건설	—	6
	어문·사회계열대학신축	2,000	20				서창노천극장건설	—	6
소계		13,400	152		7,700	85		13,366	261
장기계획 (1997~2005)	가정학계열대학신축	1,500	15	녹지기숙사신축	5,200	52	민족문화연구관신축	3,000	40
	자연과학도서관신축	4,000	50	종합실내체육관신축	5,000	60	매스컴센터신축	1,200	12
	체육계열대학/종합실내체육관신축	4,000	50	학생회관증축	700	6	서창박물관신축	1,000	15
				서창기숙사증축	900	9			
소계		9,500	115		11,800	127		5,200	67
계		43,637	521.2		33,485	372		36,494	693.5
총계								113,616	1,586.7

주) *표는 이미 진행중인 공사임.

4-2 1988년 장기종합발전계획의 시설 확충 계획(출처: 『高大新聞』, 1988.7.25)

4-3 사범대 신관, 종합건축, 1987-88. 사범대 후면에 위치한 기존의 가정관을 병합하여 건축했고, 이후 증축(김중업종합건축, 1994-95)했다. 외단열시스템과 드라이비트 마감을 도입했으나 전체적인 외관에서 근대주의의 어법을 충실히 보여 준다

4-4 기초과학센터 서울분소[기초과학관], 김중업종합건축, 1992-93

4-5 안암병원 및 의과대학 전경, 1991

4-6 우석학원 합병 직후의 의과대학, 1971

4-7 안암병원 준공 당시의 도면, 동현건축, 1987-91. 위 그림은 녹지캠퍼스 배치도, 가운데 그림은 평면도, 아래 그림은 남동측(정면) 입면도

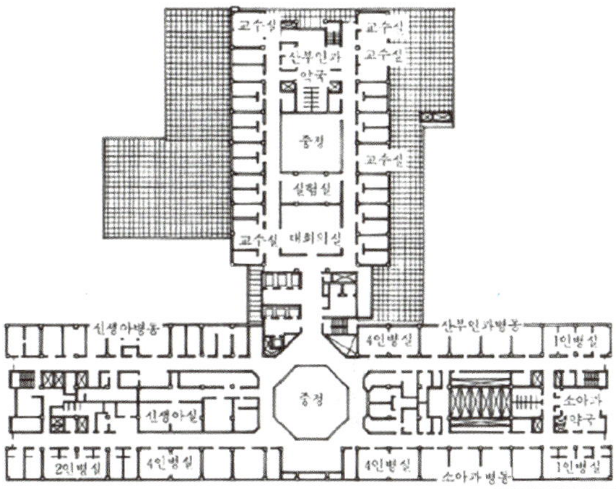

부속병원 4층평면도

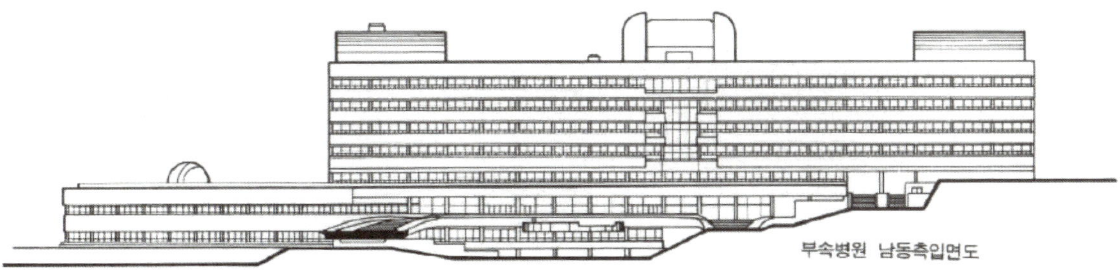

부속병원 남동측입면도

실행 여부에 대한 문제 등을 수반하기도 했다. 그러나 캠퍼스의 중장기 시설 확충을 더욱 구체적인 밑그림 위에 진행했다는 면에서 의미를 갖는다.

이 시기 고려대학교 건축의 특징은 한층 현대적인 감각으로 캠퍼스를 단장했다는 데에 있다. 기존의 가정관을 병합하며 건축된 사범대학 신관(1987-88)의 외적 이미지에서처럼 (비록 외벽구조의 내적 논리가 다르지만) 근대주의 건축의 여파가 아직 남아 있었고, 인촌기념관(1989-91)에서 보이듯 고딕석탑의 전례를 따르는 건물이 여전히 지어졌다. 그러나 1980년대 후반과 1990년대 건축은 대체로 고려대학교의 과학화와 세계화라는 화두에 발맞춘 것으로, 근대주의 건축의 절제된 단순미에서 탈피하여 더 세련된 모습을 띠게 된다. 이런 변화는 외벽 마감에서 가장 두드러진다. 교양관이나 홍보관과 같은 1960년대 근대주의 건물의 벽면이 시멘트 모르타르로 평활하게 마무리되고 페인트로 도장된 반면, 이 시기의 건축물들은 외벽을 타일로 마감하거나 건식구법을 이용해 화강석 판재 등으로 치장했기 때문이다. 특히 산학관(1994-96)이나 이학관(1994-96)에서처럼 벽면의 상당 부분을 유리 커튼월(curtain wall)로 마감함으로써 현대적 미감을 추구하기도 했다. 설령 타일이나 기타 외장재를 쓰지 않는 경우라도 기초과학센터(1992-93)나 안암병원(1987-91)에서 보이듯 외벽을 착색된 거친 질감의 드라이비트(Dry-vit)로 마무리하여 이전의 평활한 벽면에서와는 다른 건축적 입장을 선보였다. 비록 이 당시의 고려대학교 건물들에 현대건축의 선구적 실험이 적용되었다고 보기는 힘드나, 이들은 분명 시대의 흐름을 온건하게나마 적절히 반영했다고 하겠다. 아카데미아의 보수성이나 고려대학교의 독특한 캠퍼스 경관을 생각할 때, 그리고 모금에 근간한 예산의 제약 및 전술했던 마스터플랜의 설계 원칙을 고려할 때, 급진적 건축물의 부재는 오히려 자연스런 귀결로 보인다.

1980년대 후반을 녹지캠퍼스 개발의 시작으로 특징짓는다면, 1990년대는 자연계 캠퍼스의 산학연 종합연구단지인 테크노콤플렉스 조성(1994-96)이 큰 화두였다. 그 밖에도 석조고딕 모티프를 이어받은 인촌기념관, 한옥 양식을 차용한 한국학관(1997-99), 현대적 세련미를 갖는 국제관(1997-99) 등의 건립은 고려대학교 캠퍼스 건축의 다양화를 보여 주는 주요 예로 거론될 수 있다. 이 가운데 주요 사례를 살펴보도록 하자.

1) 안암병원, 의과대학, 의학도서관 (1987-91)

녹지캠퍼스 개발에서 가장 핵심적인 것은 역시 의과대학 및 부속병원의 이전이었다. 이를 위해 설계된 건물은 병원과 의과대학, 그리고 의학도서관이다. 이 건물군은 도로(현 인촌로)를 경계로 농과대학(현 생명과학관[서관]) 맞은편에 배치되었고, 특히 내원객의 접근성을 위해 병원이 도로와 가장 가깝게 위치했다. 병원의 현관과 로비는 지상 2층에 위치했는데, 남쪽의 도로에서 경사로를 따라 돌아 올라가면 다다를 수 있다. 설계를 맡은 동현건축(김병율)도 주안점을 뒀듯(『건축문화』, 1991.10) 여기에서는 경사지의 효율적 활용과 장래의 증축에 대한 고려, 병원 공간과 교육 공간의 유기적이고 합리적인 체계 설정이 무척 중요했다. 지하 1층에서 지상 7층까지 솟은 병원의 고층부는 넓게 퍼진 저층부와 달리 T-자형 평면을 갖는데, 남측으로 진입하는 내원객은 단지 넓은 면만을 정면으로 바라보게 된다. 이러한 평면형은 북동편의 높은 대지에 인접한 L-자형의 5층 의과대학과 함께 삼면을 둘러싼 중정을 이룬다. 이 중정 북서쪽의 열린 면을 반쯤 막아 주는 것이 바로 도서관 건물로서, 이는 병원과 대학을 연계해 주는 역할을 한다.

쾌적한 환경을 위해 가급적 모든 공간은 자연 채광이 가능하도록 설계되었다. 특히 폭이 넓은 병원의 저층부에는 중정을 둠으로써 이 조건을 해결한다. 병원과 의과대학에는 평면의 효율성을 위해 각각 6m×6m와 6m×3m의 모듈을 적용하였고, 동선의 단축을 위해 각 단위 공간은 사용 시간대별로 구분하되 기능적으로 연결시켰다. 외적으로는 지붕에 솟은 여러 옥탑의 모서리가 곡선으로 처리되어 조형적이며, 희미하게나마 근대건축의 거장 르 코르뷔지에(Le Corbusier, 1887-1965)의 지붕조형물을 연상시킨다. 그럼에도 불구하고 병원과 의대 건물 모두

4-8 의학도서관, 동현건축, 1987-1991

4-9 의과대학 본관, 정림건축, 2009-12

는 기다란 매스로 인해 수평성이 크게 강조된다. 가로로 긴 창이 여기에 일조하며, 밝은 갈색과 청색(현재는 베이지색과 핑크색)의 외벽 색깔을 수평띠처럼 번갈아 도장한 것 역시 이런 인상에 중요한 인자가 된다. 이와 같은 요소들을 생각하면 병원과 의대 건물은 매우 근대주의적이라 할 만하다. 그러나 전술했듯 외벽을 거친 질감의 드라이비트로 마감함으로써 이전 시기의 건축과 일정 부분 거리를 두게 된다. 한편, 의학도서관의 경우 외벽이 화강암 석판과 붉은 벽돌로 마감되어 양쪽의 두 건물과 차별성을 갖는다.

처음 계획 당시 고려한 증축의 여지는 이후 실행되는데, 특히 2000년대 들어 녹지캠퍼스의 안암병원과 의과대학에는 장례식장(2000), 교수연구동(2006), 행정지원센터(2006), 실험실(2006) 등이 신축 내지 증축된다. 그리고 기존의 의과대학 뒤편으로 최근 의학관(2009-12)이 신축되어 의과대학 본관으로 명명되었고, 문숙의학관(2013-14)도 곧이어 건축되었다. 메디컬콤플렉스를 향한 큰 도약이다.

2) 인촌기념관 (1989-91)

1955년 세상을 떠난 인촌의 묘소는 고려대학교 본관 뒤편의 산자락에 마련되었고, 1959년에는 그를 기념하여 본관 아래편 정중앙에 인촌의 동상이 건립된 바 있다. 인촌기념회에서는 이에 더하여 그의 탄생 100주년이 되는 1991년 10월을 기

4-10 고려대학교 뒷산의 인촌 묘소, 현 인촌기념관 자리

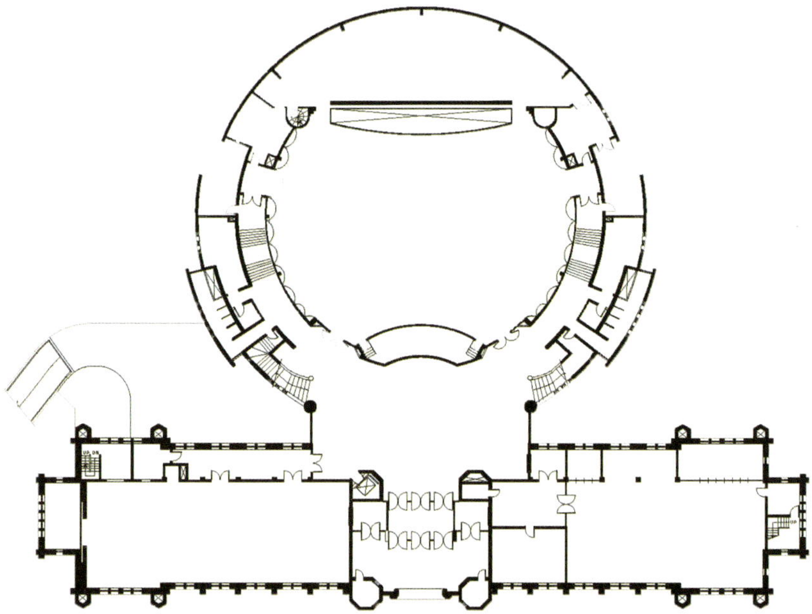

4-11 인촌기념관 1층 평면도

4-12 인촌기념관, 동현건축, 1989-91

4-13 인촌기념관 전후면의 이질적 접합

해 인촌기념관을 건축하여 개관하였다. 건축 대지는 인촌의 묘소 자리로 정했고, 묘소는 이에 따라 경기도 남양주로 이전한다.

인촌기념관은 지하 1층, 지상 5층의 건물로 대형 강당과 각종 회의실, 전시실 등을 포함하며, 그 디자인은 의과대학 및 병원을 설계했던 동현건축에서 맡았다. 이 건물의 가장 큰 특징은 보성전문을 위해 인촌이 처음 건축했던 본관 및 도서관에서 석조고딕의 외관을 그대로 따왔다는 사실이다. 그리고 자세한 관찰자라면 이 건물이 두 선례를 정교히 혼합했음을 인지할 수 있을 것이다. 우선 건물 전체가 정면 탑신부와 좌우측의 박공면을 가지며 좌우대칭인데, 이것은 권위를 갖는 본관 정면의 기본 구성과 일치한다. 그러나 각 부분의 디테일은 정확히 도서관의 그것으로부터 왔다. 정면 탑의 터릿과 창문 모양, 출입구 아치, 각종 문양이 도서관 탑을 모사한 것이고, 박공면의 소첨탑이나 돌출창, 그리고 여타 부분의 창과 부축벽, 여장 등도 그러하다. 단지 차이가 있다면 인촌기념관의 탑과 박공면 사이의 거리가 도서관보다 짧아졌고, 높이가 1개 층 더 높아졌다는 데에 있다. 이전 건물들의 절충은 건축가가 건축주의 요구를 적극 수용한 것의 결과로 추측되는데, 두 선례의 합성은 무척 정교했음에 틀림없다. 본관과 도서관의 석탑에 새겨진 인촌의 노고를 기린다는 측면으로 그 절충의 의미를 이해할 수 있을 것이다.

그러나 정면의 구성과 디테일만으로는 인촌기념관을 온전히 설명할 수 없다. 이 건물이 수용해야 하는 대형 강당이 전면의 직사각형 평면 뒤에 커다란 원형 공간을 요구했기 때문이다. 이 공간은 전면부가 채택했던 고딕의 모티프와는 상당히 거리가 있어, 전례처럼 거칠게 다듬은 화강암으로 바깥을 마감하기에는 무리가 따른다. 게다가 재정적으로도 큰 부담이었을 것이다. 결국 직사각형과 원형 평면의 접합부 쪽은 화강암 잔다듬으로, 나머지 원형 벽면은 화강암 질감의 거친 드라이비트로 마감하게 된다. 하지만 이러한 처리가 서로 다른 두 공간과 매스의 구성이 갖는 이질성을 결코 해결해 주지 못했다. 육중한 전면부 뒤에 접합된 가벼운 대형 공간은 무척이나 낯설다. 인촌기념관이 갖는 건축적 아쉬움이라 하겠다.

3) 기초과학센터 서울분소(기초과학관) (1992-93), 테크노콤플렉스(공학관+산학관) (1994-96), 이학관 (1994-96)

국가 경쟁력 강화를 위한 대학 교육의 과학화와 세계화는 절실한 명제이다. 상대적으로 뒤늦게 시작된 고려대학교 이공계통의 교육과 연구는 1990년대 들어서며 큰 도약의 발판을 갖게 되었다. 1993년 한국표준과학연구원 부설의 기초과학지원센터 서울분소[그림 4-4]가 고려대학교 자연계 캠퍼스에 개소된 일은 이런 흐름의 시작이다. 여기에는 대학과 연구소의 첨단 연구를 지원하기 위해 각종 최신 기자재가 도입되었다. 그러나 건물 자체에 특별한 첨단 과학의 이미지가 표상된 것은 아니다. 김중업종합건축사사무소에서 설계한 이 건물은 얕은 L-자 형태의 평면으로 매스가 5층까지 그대로 솟았다. 그리고 창문도 규칙적으로 배열되어

4-14 테크노콤플렉스 초기 조감도, 삼우종합건축

4-15 공학관, 삼우종합건축, 1994-96. 위 사진은 전경, 아래 사진은 이 건축물의 특징인 차양

4-16 산학관, 삼우종합건축, 1994-96. 위 사진은 전경, 아래 사진은 건물 전면의 금속제 루버

상당히 근대주의적인 모습을 띤다고 하겠다. 그럼에도 불구하고, 전술했듯, 벽면 바깥이 외단열시스템의 드라이비트로 마감되어 가까이에서는 거친 질감을 쉽게 인지하게 된다. 그리고 동일한 마감을 한 안암병원이나 인촌기념관 강당 외벽과 거의 유사한 색상 및 수평띠 패턴을 가지고 있다. 이에 비하면 테크노콤플렉스와 이학관은 좀 더 현대적인 이미지를 보여 준다.

국내 대학 최초의 산·학·연 종합연구단지인 테크노콤플렉스는 공학연구동(공학관)과 산학연구동(산학관)으로 이루어졌다. 이것은 고려대학교에서 건축 대지를 제공하고 산업체에서 거액을 출자함으로써 가능했다. 1992년부터 계획된 테크노콤플렉스는 삼우종합건축사사무소의 설계에 따라 1994년 2월 착공하여 1996년 6월 완공된다. 공학관은 T-자형 평면을 기본으로 지하 1층, 지상 7층, 연면적 18,650㎡(약 5,640평)의 규모를 갖는 건물로, 외벽은 전체적으로 밝은 회색빛 타일로 마감되었다. 이 건물의 가장 큰 특징이라면 북측을 제외한 동서남측 입면 창문에 수평과 수직 차양을 설치했다는 점이다. 특히 수직 차양은 사다리꼴 모양으로 기능성에 세련미를 더했다. 더불어 긴 날개의 남쪽 모서리의 모를 따 청색 프레임 구조로 대체한 것은 작게나마 건물의 조형성에 기여한다. 산학관은 단순한 직사각형 평면에 지하 3층, 지상 7층, 연면적 22,870㎡(약 6,920평)의 건물로 모서리를 제외한 정면의 대부분이 유리 커튼월로 덮인 점이 특색이다. 그리고 이 유리면에 금속제 비늘 루버가 설치되어 직사광선을 걸러 줌과 동시에 기계주의적 인상을 부여했다. 당시까지 존재했던 고려대학교 건축물 가운데 가장 현대적인 이미지를 가진 셈이다.

테크노콤플렉스 조성과 같은 시기에 현대그룹 기증으로 건축된 이학관은 고 정주영 회장의 호를 따 아산(峨山)이학관으로도 불린다. 설계는 기초과학센터 서울분소를 맡았던 김중업종합건축이 담당했다. 지하 1층, 지상 6층, 연면적 19,740㎡(5,971평) 규모의 이 건물은 창호를 제외한 벽면 대부분이 타일로 마감되었다. 그리고 정면은 산학관처럼 상당 부분을 유리 커튼월이 덮고 있다. 이 건물에서 가장 인상적인 부분은 정면 출입구에 2층 높이로 솟은 네 개의 붉은색 원

4-17 이학관, 김중업종합건축, 1994-96

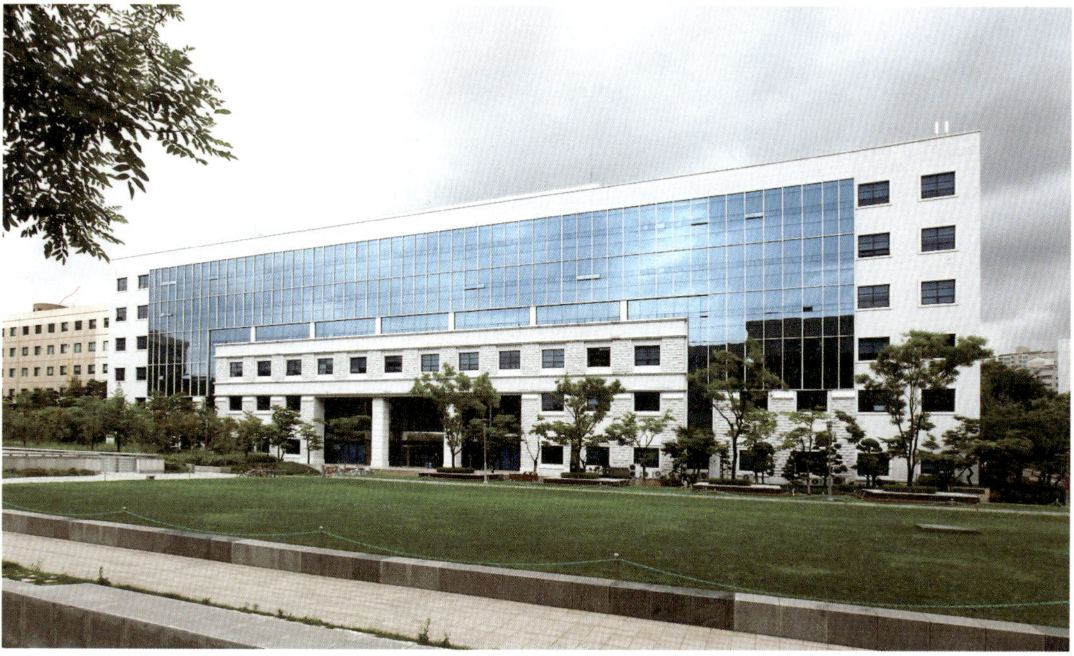

4-18 리모델링된 이학관, 에이스종합건축, 2011-12

형기둥이다. 이것은 무채색 벽면이나 짙은 청색 계열 유리면이 주조를 이루는 고려대학교 캠퍼스 경관 가운데 다소 도발적인 시도로 읽힐 수도 있다. 그러나 고대생이 추구하는 '크림슨의 붉은 정열'을 감안하면 충분히 수긍할 수 있는 몸짓이라 하겠다. 제2테크노콤플렉스(창의관) 조성사업이 2001년 뒤따르긴 했지만 이학관의 완성으로 자연계 캠퍼스의 시설물에 대한 현대화 작업은 우선 일단락 되었다고 볼 수 있다. 산학관에는 여러 기업의 연구소가 입주함으로써 대학과의 긴밀한 연구 협력이 가능해졌고, 공과대학과 이과대학이 각각 공학관과 이학관으로 이주하여 한결 나은 환경에서 연구와 교육에 전념할 수 있게 된 것이다. 이학관은 2012년 여름 리모델링을 마치며 화강암 판석으로 외관을 변화시킨다.

4) 교우회관 (1994-96)

1907년 보전(普傳)친목회로 시작된 고려대학교 교우회는 강한 결속력을 바탕으로 우리 사회 전 분야에서 활동을 해 왔고, 모교의 발전을 위해 물심양면으로 지원을 아끼지 않았다. 고려대학교에 신축되는 많은 건물들은 바로 교우회의 모금을 바탕으로 가능했던 것이다. 교우회관 건립은 1970년대 초부터 추진되어 왔다. 그러나 모교의 건축공사를 위한 여러 차례의 모금운동으로 이 사업은 지연되었고, 1979년에 우선 종로구 공평동의 건물에 교우회관을 개관한다. 그리고 마침내 1996년 5월, 모교 캠퍼스의 북동쪽 끝자락 체육생활관 옆자리에 교우회관을 신축할 수 있었다. 이 건물의 설계는 서인·서보종합건축사사무소에서 담당했다. 지하 1층, 지상 5층의 규모로서 화강암 판석이 주요 외장재로 사용된 이 건물에는 교우회 관련 각종 사무실이 자리 잡고 있으며, 결혼식장 및

4-19 구 교우회관, 종로구 공평동

4-20 교우회관, 서인·서보종합건축, 1994-96

여러 행사를 위한 다목적홀도 마련되었다. 좌우 대칭인 건물 자체는 상당히 평이하다고 할 수 있는데, 정면 상단부 중앙에 세워둔 삼각형의 박공이 그리스 신전의 페디먼트(pediment)를 넌지시 상기시킨다. 고전적 권위와의 연계성을 부여하려는 시도로 볼 수 있다.

6) 4.18기념관 (1996-98)

학생회관 뒤편의 4.18기념관은 제2학생회관으로 건축되었으며 삼우종합건축이 디자인했다. 이 건물은 지하 2층, 지상 2층의 비교적 작은 규모이며, 전체적으로는 정사각형 평면의 상자 두 개가 결합된 형태를 보인다. 큰 상자는 앞의 학생회관을 반향하는 열주가 네 면을 둘러싸며 그 사이는 유리면으로 채워졌다. 작은 상자는 크기가 작을 뿐만 아니라 기준 지반면이 여러 계단 아래에 설정되었고 학

4-21 4.18기념관, 삼우종합건축, 1996-98

4-22 4.18기념관 부속동

생회관에 가려 큰길에서는 쉽게 눈에 띄지 않는다. 그러나 이 작은 동의 1층 옥상 위로 설치된 세 단의 유리 채광창 층은 무척 인상적으로, 계단형 피라미드의 형상을 취하고 있다. 건물 전체적으로는 외벽이 화강암 판석으로 마감되었다. 이는 고려대학교 석조건축물에 대해 예의를 표하며 현대적으로 온건히 옷 입은 것이라 볼 수 있다. 이 건물에는 주로 학생지원을 위한 다양한 공간이 포함되었는데, '제2학생회관'이라는 명칭을 요구한 학생과 학교 사이에는 건물 공사 전부터 한동안 마찰이 있었다. 당시 학생들은 인촌기념관을 '4.18기념관'으로 불러왔다.

7) 아이스링크 (1996-98)

1998년에 완공된 아이스링크는 국제규격에 따라 건립된 국내 대학 최초의 실내 스케이트장이다. 녹지캠퍼스 최북단에 자리한 이 시설은 고려대학교가 보성전문 시절부터 가져온 스포츠에 대한 열정을 보여 준다. 그리고 옆에 자리한 잔디

4-23 아이스링크, 건원국제건축, 1996-98

4-24 아이스링크 실내

대운동장이나 당시의 노천극장과 함께 고대인들의 여가 공간으로 활용될 수 있었다. 건원국제건축에 의해 설계된 이 건물은 비교적 단순한 직사각형의 평면을 갖는다. 지상 1층은 주차장으로 사용되고 그 위에 아이스링크가 배치되었다. 여기에는 6백 석의 관중석이 설치되었는데, 아이스링크와 관중석을 L-자형으로 둘러싸는 2-3층의 공간에는 선수 숙소, 대기실, 식당 등의 부대시설이 마련되었다. 아이스링크의 대형 무주공간은 철골조 프레임과 경량지붕 구조를 통해 가능했다. 이 시설은 고려대학교 아이스하키 선수들의 연습장소로서, 그리고 교양체육 수업의 실습 장소로서 사용될 뿐만 아니라 지역 주민들을 위한 스케이트장으로도 개방되고 있다.

8) 애기능 생활관 (1998-99)

자연계 캠퍼스의 애기능 생활관은 원형 평면을 갖는 지상 3층의 식당 건물이다. 과학도서관 동측 후면에 놓이며, 브리지(bridge)가 두 건물을 연결해 준다. 1층에는 식품가공 공장, 기계실, 주차장이 있고, 2층에 학생식당, 3층에 교직원식당, 귀빈식당, 매점, 여학생휴게실 등이 배치되었다. 그동안 과학도서관이 수용하던 시설이 신축건물에 옮겨오고 새로운 생활공간이 생김으로써 자연계 학생들의 복

4-25 애기능 생활관, 예인그룹, 1998-99.

지에 큰 도움이 되었다. 건축적으로 볼 때 생활관의 납작한 원통형 볼륨은 박스형 건물만이 존재하던 자연계 캠퍼스에 참신한 인상을 주기에 충분했다. 특히 초기에는 1층 대부분의 공간이 오픈된 주차장이라 그 위의 두 개 층이 기둥(pilotis) 위에서 부유하는 듯한 이미지를 띠게 되었다. 그리고 모든 층에서 기둥이 바닥 슬래브의 안쪽으로 후퇴되어 배치되었는데, 이는 2층과 3층의 벽면에 연속된 수평창을 가능케 해 줬다. 이미 보편화된 형식이라 새로울 것은 없지만, 결국 이 건물은 르 코르뷔지에의 건축원칙을 원형 건물에 적용한 시도로 볼 수 있다. 원형 평면으로 말미암아 실내에는 비직각의 공간이 지배적이어서 전체적으로 자유롭고 이완된 분위기를 형성해 준다.

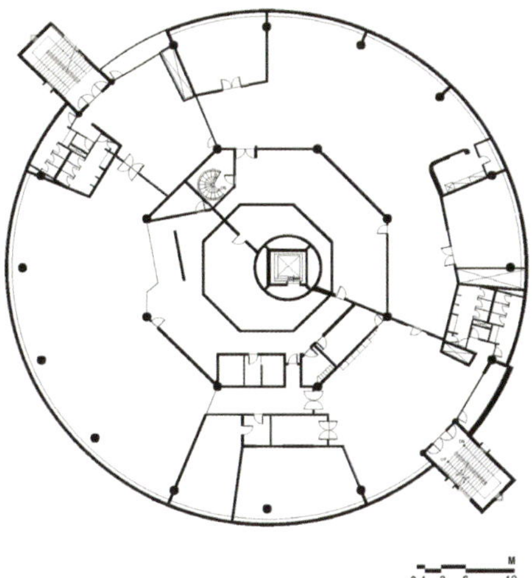

4-26 애기능 생활관 3층 평면도. 비직각의 공간이 실내에 이완된 분위기를 만든다

더구나 이 원형의 중심을 관통하는 동서 양단의 계단실 축도 캠퍼스 전체의 축과 무관하게 설정되었고 과학도서관과 통하는 브리지의 각도와도 일치하지 않아 직각체계로부터의 탈피가 더욱 촉진되었다고 하겠다. 건물 구조는 철근콘크리트조이고, 외벽은 뿜칠로 마감되었다.

9) 한국학관 (1997-99)

고려대학교 민족문화연구소는 창립 40주년을 기해 민족문화연구원으로 확대 개편되며 녹지캠퍼스에 한국학관을 신축하였다. 한국학의 국제적 발전을 선도할 중심 기관으로서 이 건물은 민족문화연구원의 각종 자료실과 연구실 및 강의실 등을 포함한다. 그리고 그 내용을 직접적으로 지시할 요량으로 우리나라의 전통 건축양식을 차용한다. 설계는 예그린건축에서 담당했다. 지하 2층, 지상 2층의 건물 두 동으로 구성된 한국학관은 아이스링크 바로 남쪽에 배치되었으며, 도로 건너 아래로는 기숙사군을 내려다본다. 고려대학교의 다른 건물들과는 달리

4-27 한국학관, 예그린건축, 1997-99

여기에는 전통적 방식으로 담장을 둘렀고 외삼문을 설치하였다. 문과 정축상에 놓인 주 건물은 그 권위에 맞게 주심포양식을 근간으로 하여 팔작지붕을 갖는다. 반면 90도로 꺾여 배치된 부 건물은 익공식에 맞배지붕으로 건축되었다. 하지만 현대적 시설을 갖춘 철근콘크리트구조의 건물이 전통양식을 형태적으로만 모방해도 되는가에 대한 이슈는 우리나라 건축계의 오랜 쟁점이었다.

10) 국제관 (1997-99)

고려대학교는 시대의 흐름에 발맞추어 국제교육을 선도하고자 국제관의 신축을 결정했고, 1995년 현상 설계를 통해 무영건축을 설계자로 선정했다. 국제관에는 국제대학원 및 국제어학원과 관련된 공간과 시설이 주로 수용된다. 원래의 건축대지는 인촌기념관과 그 북쪽의 후문 사이였다. 그러나 공간이 협소할 뿐만 아니라 정문에서 바라볼 때 본관 위로 건물 상부가 노출되어 본관의 권위를 훼손할

4-28 국제관, 무영건축, 1997-99

4-29 국제관 1층 평면도

우려가 있었다. 결국 당시 서관 옆 농구장이던 현재의 위치로 건물 터가 변경된다. 그럼에도 불구하고 이곳 역시 면적이 넉넉하지 않았기 때문에 불규칙한 모양의 대지를 최대한 활용한 건축평면이 계획되었다. 전체적으로는 세 개의 매스가 겹쳐져 대지에 꽉 차게 들어선 형국인데, 중간의 것이 4층 높이인 반면 앞뒤의 기다란 두 매스는 지상으로 7층까지 솟았다. 그리고 가운데 매스의 서관 측에 커다란 원형 공간이 배치되어 주출입구와 로비로서 기능한다. 건물의 외장재로는 화강암 판석이 선택되어 주변의 석조건축물에 대한 연계성을 보이지만, 매끈하게 물갈기되어 훨씬 현대적인 감각을 보여 준다. 특히 남측면을 넓게 감싸고 있는 유리 커튼월은 그 세련미를 심화시키며 이 건물뿐만 아니라 고풍스런 캠퍼스 전체에 개방감을 부여한다. 이로써 국제관은 스스로가 지향하는 국제화라는 화두에 적극 대응했다고 하겠다. 다만 이 건물은 정문에서 바라볼 때 서관 좌측 너머로 머리를 내미는데(처음의 위치에 건축되어 본관 너머로 돌출되는 것보다야 낫지만), 하늘과 맞닿았던 석탑의 실루엣이 일부 손상되어 못내 아쉽다. 국제관은 2000년 서울시건축상 동상을 수상한다.

11) 생명과학관(녹지) (1997-2000)

1995년 교육부의 대학원 중점육성지원사업에 선정되면서 설립된 고려대학교의 '생명공학원'은 우리나라 생명과학 분야에서 선도적 역할을 담당했다. 이를 계기로 녹지캠퍼스에 건축된 생명과학관은 그 앞선 면모를 외형으로도 구현할 필요가 있었다. 건원국제건축에서 설계한 이 건물은 철근콘크리트조에 화강암 판석으로 외부를 마감했으며, 지하 2층, 지상 6층의 규모를 갖는다. L-자 모양으로 꺾인 건물 평면은 두 날개가 만나는 모서리가 하나의 회전축처럼 작용하며 전체

4-30 생명과학관(녹지), 건원국제건축, 1997-2000

4-31 회전축 옥상층의 철제프레임 조형물

매스에 균형을 잡아 준다. 이 모서리 안쪽 부분에 주출입구가 놓이는데, 안쪽 모서리 전면을 둥근 유리면 커튼월로 처리하였다. 수직으로 곧게 선 이 유리 원통 입면은 회전축 이미지를 확증함과 동시에 현대적 감각을 더해 준다. 게다가 그 부분의 옥상층에 철제프레임을 덧대 만든 구조는 기능성보다는 조형성을 고려한 것으로서 하이테크 건축물의 참조에서 나온 것으로 보인다. 그러나 이 같은 기계 미학이 건물 전체를 혁신적으로 이끌지 못하고 일부 조형물에만 한정된 것은 아쉬움으로 남는다.

5. 100주년 기념사업 및 세계고대 1000년을 향한 도약: 2000년-현재

2000년대에 들어선 고려대학교는 캠퍼스의 현대화 작업에 더욱 박차를 가했다. 새로운 밀레니엄을 맞이했을 뿐만 아니라, 2005년 5월의 개교 100주년을 기념해야 했기 때문이다. 이를 기해 '민족고대 100년'을 넘어 국제적 경쟁력을 갖춘 '세계고대 1000년'을 향해 도약할 것을 선포했는데, 첨단 교육 연구 시설과 공간의 확보는 가장 시급히 요구되는 사안이었다. 이러한 비전에 따라 새로운 건물이 다수 지어졌고, 일부 오래된 건물은 철거되거나 리모델링되었다. 새천년의 첫 10년간 안암캠퍼스에 신축된 건물만도 20동을 훌쩍 넘으며, 지하광장 개발 및 재단 소유 건물을 합하면 그 시설물 수는 증가한다. 그리고 우정정보통신관(2009-11), 의학관(2009-12), CJ 법학관(2011-12), 우정 간호학관(2012-13), 안암 글로벌하우스(2012-13), 현대자동차경영관(2010-13), 하나과학관(2013-14)처럼 막 준공됐거나 미래공학관(2013.10-)처럼 현재 공사 중인 건물도 있다. 이 같은 시설 확충은 2000년 12월 개통된 지하철 6호선 고려대역 및 안암역과 함께 상승효과를 발휘했고, 캠퍼스는 더 개방되고 현대화된 공간으로 자리매김하게 되었다.

새롭게 모습을 드러낸 건물들 가운데에는 중앙광장(1999-2002), 백주년기념관(2002-05), 녹지캠퍼스의 화정체육관(2004-06)과 같이 개교 100주년 기념사업으로 건축된 시설이 있고, 중앙광장의 지하 개발 성공을 자연계 캠퍼스에 접

5-1 화정체육관, 삼우종합건축, 2004-06. 위 사진은 전경, 아래 사진은 실내

5-2 우당교양관, 내외종합건축, 2001-03

5-3 LG-POSCO 경영관, POS-AC 종합건축, 2001-03

5-4 법학관 신관, 공간환경종합건축, 1999-2001

5-5 생명과학대학(동관), 내외종합건축, 2002-03

목한 하나스퀘어(2005-06)도 두드러진다. 그리고 화강암 혹두기로 거칠게 마감한 백주년기념관처럼 안암캠퍼스 초기의 석조전들을 양식적 모델로 삼은 건물들이 여럿 건축된 것도 쉬이 눈에 들어온다. 이전의 교양관을 허물고 그 자리에 새로 지은 우당교양관(2001-03), 백주년기념관 뒤편의 LG-POSCO 경영관(2001-03), 중앙도서관(대학원) 뒤편의 동원글로벌리더십홀(2006-07), 캠퍼스와 도로의 경계에 세워진 재단 소유의 인촌로빌딩(2003.9) 등이 그 예이다. 개교 100주년을 기념하며 이전의 원칙에서 벗어나 석조건축의 상징성을 대폭 활용했다고 볼 수 있겠다.

한편, 거칠게 다듬은 화강석이 아니더라도 잔다듬된 화강석이나 유리처럼 매끈하게 물갈기한 판석을 외벽에 사용하는 것은 이제 고려대학교 건축의 보편적인 방법이 되었다. 법학관 신관(1999-2001), 평생교육원인 라이시움(1999-2001), 생명과학대학(동관)(2002-03), 인촌로 제2빌딩(2004.3), 식품안전관(2006-08) 등 신축되는 다수의 건물들이 그 같은 외피를 택한다. 직접적이진 않더라도 우회적으로나마 초기 석조건축물에 대한 동질성을 유지하고자 하는 노력으로 볼 수 있다. 이러한 노선은 리모델링되는 건물에도 적용되었다. 2003년과 2004년에 리모델링된 정경관과 생명과학대학(서관)을 예로 들 수 있다. 고려대학교 건물로서는 독특하게도 변색 붉은 벽돌로 마감되었던 정경관, 그리고 근대주의 양식을 차용했던 생명과학대학의 전신 농과대학 건물이 모두 현대식의 화강암 판석으로 새단장된 것이다.[그림 3-26]

그러나 초기의 석조고딕 건축물로부터 거리가 있는 자연계 캠퍼스와 녹지캠퍼스는 그 같은 석풍(石風)의 힘에 크게 좌우되지는 않는다. 자연계 지역의 경우 고풍스런 석탑이 아닌 첨단 과학의 이미지가 더 중요한 관건이라 하겠다. 공학관 아래에 세워진 창의관(2001-03)은 큰 지분을 갖는 기계공학부를 상징하듯 벽면에 금속제 루버와 격자프레임이 부착되었고, 미국 바텔연구소가 입주한 미래융합기술관(2006-08)은 살짝 튼 전면의 매스와 그 위의 유리 원통 및 옥상구조물이 참신한 이미지를 선사한다. 특히 최근에 완공된 자연계 캠퍼스 남단의

5-6 CJ 식품안전관, 내외종합건축, 2006-08

5-7 창의관, 삼우종합건축, 2001-03

5-8 CJ 인터내셔널 하우스, GNI종합건축, 2004-05

5-9 프론티어관, 시아플랜, 2006-11

로봇융합관(2009-11)은 고층건물시공자동화사업단의 연구용 건물로서, 무인 시공시스템을 도입했다는 것 자체만으로도 첨단 과학기술을 내포하고 있다. 녹지캠퍼스의 기숙사 지역은 이정덕이 최초 계획할 당시부터 석탑과 무관하게 집같이 편안한 'homey' 스타일을 강조한 바 있으며, 그 결과 중 하나로서 기숙사 여러 동이 전래의 주거를 상징하듯 박공지붕을 갖고 있었다. 이처럼 이완된 분위기는 2005년 완공된 외국인 기숙사 CJ 인터내셔널 하우스(2004-05)에 와서는 밝은 (시스템)적벽돌 외장으로 이어진다. 기숙사 콤플렉스에는 최근 민자기숙사인 프런티어관(2008-11)이 세워져 부족한 학생 주거시설을 보완했다. 그러나 이 건물이 산자락을 둘러싸며 들어섬으로써 주변에 다소 답답한 분위기가 형성된 것은 아쉬움이다.

돌이켜 보건대, 2000년대의 고려대학교 건축에서 가장 중요한 사례로는 중앙광장을 꼽을 수 있을 것이다. 우리나라 대학 캠퍼스의 지하 개발을 선도했다는 까닭에서이다. 안암캠퍼스 자체에서 의미를 찾는다면 타이거플라자(2004), 해송법학도서관(2006-07), 미디어관(2009-11) 등을 주목할 만하다. 고풍스러웠던 캠퍼스 이미지를 현대적 감각으로 일신했기 때문이다. 이번 장은 이들을 중심으로 하여 새로운 세기의 고려대학교 건축을 살펴보고자 한다.

1) 중앙광장 (1999-2002)

1938년에 건설되어 동양 최대의 위용을 자랑했던 대운동장은 그동안 고대생들의 체육활동과 학생운동의 중심 터전으로서 역할을 톡톡히 해 왔다. 비움의 공간이 갖는 다목적 융통성은 한국의 마당과 그 성격을 공유했으며 캠퍼스 전체에 여백의 미학마저도 넌지시 내포했다. 그러나 이 공간은 일각에서 제기한 일제 강점기 군국주의의 잔재로 비쳐질 여지 역시 배제할 수 없었다. 이에 더해 캠퍼스에 가중되는 공간 부족의 문제는 대운동장 영역의 활용을 고심케 하는 더욱 실질적인 요소가 되었다. 학교 당국은 개교 100주년을 기념하는 첫 사업으로 대운동

5-10 중앙광장, 한길종합건축+신화컨설팅, 1999-2002. 위계를 벗어버린 친근한 공원이 되어 주민들에게도 가까이 다가간다(2008년 어린이날)

5-11 중앙광장 지하 공간. 지하 1층은 행정시설, 편의시설, 도서실 등이 자리하고 있으며, 지하 2-3층은 주차장으로 이용되고 있다

장의 지하 공간 개발과 지상 광장 조성을 추진한다. 여러 찬반 논란을 뒤로하고 1999년 착공된 중앙광장 프로젝트는 2년 반여에 걸친 공사로 2002년 3월 마무리되었다. 지상 1층은 중앙분수를 중심으로 하여 잔디밭, 나무, 벤치 등으로 조경되었고, 지하 1층은 약 900㎡의 공간에 행정시설, 학생 편의시설, 도서실이 자리 잡았으며, 지하 2-3층은 약 1천 대의 자동차를 수용할 수 있는 주차장으로 개발되었다. 이로 인해 공간 문제가 일부 해소되었고, 지상은 자동차가 제한된 보행자 중심의 캠퍼스로 탈바꿈할 수 있었다.

특히 지상의 공간이 더욱 친근한 공원으로 변모된 것은 21세기 고려대학교 캠퍼스의 새로운 패러다임을 제시한 것이라 하겠다. 중앙광장 개발 이전에는 대운동장과 본관의 큰 고저차로 인해 캠퍼스의 위계가 분명했다. 더욱이 교문을 들어서면 대운동장 영역을 둘러싸며 식재된 수목으로 인해 본관의 모습을 온전히 바라보는 것조차 불가능했다. 학교의 중심인 이곳에 이르기 위해서는 대운동장 옆을 빙 둘러 우회하는 가운데 마음을 먼저 다스리는 것이 정도(正道)였던 것이다. 그러나 이제 고려대학교는 그 속살을 완전히 밖으로 드러내 보인다. 정문 밖에서도 직접 본관을 비롯한 주요 시설들을 한눈에 조망할 수 있게 되었고, 광장의 지면이 높아져 이전의 위계감도 거의 느껴지지 않는다. 권위를 벗어버리고 중심축의 곧은길을 허락한 본관의 모습은 되레 송구스럽기까지 하다. 학교가 몸과 마음을 열어젖히니 이 공간은 학교 구성원뿐만 아니라 지역 주민들을 위한 휴식처로서도 역할하게 되었다. 지역 사회에 개방된 고려대학교의 새로운 모습은 2004년에 시작되었던 '담장개방녹화사업'으로 더 탄력을 받는다.

중앙광장의 설계는 한길종합건축과 신화컨설팅에서 맡았으며, 2002년 서울특별시 '올해의 조경상'을 수상했다. 고려대학교의 캠퍼스 지하공간 개발은 자연계의 하나스퀘어에도 이어졌고 다른 여러 대학의 벤치마킹 대상이 되어 영향을 미친다. 프랑스의 세계적 건축가 도미니크 페로(Dominique Perrault)가 설계하여 2008년 완공한 이화여대의 캠퍼스복합단지(ECC)가 대표적 사례이다.

2) 타이거플라자 (2004)

타이거플라자는 국제관 옆에 세워진 작은 건물로서 레스토랑, 카페, 편의점 등을 담는 학생 복지 시설이다. 이 건물의 설계는 본교 건축학과 여영호 교수가 에이스종합건축과 함께 담당하게 된다. 원래의 건축대지는 국제관과 정경관의 주차장으로 사용되던 좁다란 삼각형 모양의 자투리땅이었고, 가용 건축면적은 기껏해야 100평을 넘지 못했다. 그럼에도 이 건물에는 나름의 확고한 아이덴티티가 요청되었다. 정경대 후문의 사용자 수는 기숙사나 안암역 쪽에서 등교하는 학생들로 인해 정문 사용자 수보다도 많은데, 이들의 태반이 타이거플라자를 지나기 때문이다. 대지가 작고 비정형이라는 제약은 오히려 기존 건물과는 다른, 흥미로운 설계를 가능케 할 수 있다. 게다가 강의나 연구가 아닌 학생 편의 시설이라는 과외 프로그램은 이런 가능성을 뒷받침해 준다. 건축가는 이 건물을 철골조로 하고 유리커튼월로 벽면 전체를 마감해 밝고 개방된 느낌을 부여했다. 그리고 이러한 개방성은 2층과 4층 테라스의 오픈 데크를 통해서 더욱 강화된다. 여기에 더해 대지에 맞춘 쐐기 모양의 평면이 날카로운 유리 모서리를 만들어 말 그대로의 '첨단(尖端)'을 보여 준다. 물론 주변의 석조건물과 다소나마 교감을 하기 위해 타이거플라자 유리 벽면에 반투명의 에칭 패턴이 입혀졌다. 그러나 이 건물의 유리 매스는 작지만 밝고, 개방되고, 날렵하여, 먼저 조성됐던 중앙광장에, 그리고 육중했던 캠퍼스 분위기에 참신한 맛을 선사했다. 이후 4층 테라스의 모서리에는 황금빛의 커다단 사과 조형물이 설치된다. 조형학부 강희덕 교

5-12 타이거플라자 조감도, 여영호+에이스종합건축, 2004

5-13 타이거플라자의 날카로운 모서리

수의 작품으로서 학교의 경직된 이미지와 건물의 날카로운 모서리를 완화하기 위한 것이었다. 학생들은 이를 커다란 조각 케이크의 토핑이라 부르기도 한다. 고려대 캠퍼스에서 가장 포스트모던한 제스처라 할 만하다.

3) 백주년기념삼성관 (2002-05)

2005년 5월 개교 100주년을 기해 준공한 백주년기념삼성관은 디지털도서관인 학술정보관과 기존에 독립적으로 존재하던 박물관(2005년 철거)[그림 3-1]의 프로그램을 복합적으로 수용한다. 그리고 이는 지난 100년간의 고려대학교 전통을 담아야 함과 동시에 세계고대 1000년을 향한 도약의 이미지를 표상해야 했다. 2001년의 현상공모를 통해 삼우종합건축이 디자인을 맡게 되었고, 삼성물산에서 시공을 담당했다. 지하 1층, 지상 5층, 연면적 23,383m^2(약 7천 평) 규모에 철근콘크리트조와 철골조의 혼합으로 지어진 이 건물은 중앙광장의 동측 단부에 위치하여 멀찌감치 본관과 90°각도를 이루며 조우한다. 백주년기념관은 화강석 혹두기 외장을 통해 고려대학교 고딕석탑의 이미지를 계승하지만 알루미늄 프레임을 이용한 건식 돌붙임 공법은 초기 석조건축물이 견지했던 습식공법과 차이를 보인다. 그리고 화강암 이면의 실내공간은 외관과 다른 현대화된 시설을 자랑한다. 지하 1층의 국제원격강의실이나 지상층의 멀티미디어 자료실 및 열람실, 미디어 프레젠테이션룸 등은 프로그램 자체가 첨단 설비를 요구하며, 국보급 유물을 다수 보유하고 있는 박물관은 이들의 유지관리를 위한 최고 사양의 항온항습장치와 전시 시설을 설치하였기 때문이다. 이러한 첨단의 이미지는 중앙의 아트리움에서 건축적으로 구현됐다고 할 수 있다. 1층으로부터 5층의 천창까지 직경 21m의 원형기둥 형태로 뚫린 아트리움은 공간의 수평적, 수직적 확장성을 내포한다. 그리고 대리석 바닥뿐만 아니라 곡면의 유리와 스테인리스스틸로 마감된 각 층의 파라펫과 천창은 현대건축의 세련된 미감을 보여 준다. 더불어 전체가 유리로 제작된 엘리베이터 홀과 엘리베이터는 재료가 갖는 투명성과 개방

5-14 백주년기념삼성관, 삼우종합건축, 2002-05

5-15 백주년기념삼성관 아트리움

성을 극대화한 예라 할 수 있다.

4) 하나스퀘어 (2005-06)

하나스퀘어는 전술했듯 중앙광장의 성공을 자연계 캠퍼스에 도입한 것이다. 이 프로젝트는 선례에서와 마찬가지로 부족한 캠퍼스 공간의 효율적 활용을 위해 지하에 주차장을 두고 학생 편의 시설을 확충하며, 지상은 녹지로 탈바꿈시키는 것을 목표로 한다. 해당 대지는 과학도서관, 산학관, 생명과학대학(서관) 등으로 둘러싸인 50mX20m의 기다란 공간이었다. 설계자로 선정된 삼우종합건축과 에이스종합건축은 이곳을 지상공원과 지하 3층의 직사각형 공간으로 개발한다. 지하 2-3층에는 자동차 530대가량을 수용할 수 있는 주차장을 뒀고, 지하 1층은 강의실, 열람실, 다목적 아트리움뿐만 아니라 서점, 피트니스센터, 패스트푸드점, 커피숍, 편의점 등 학생 편의 시설에 공간을 대폭 할애했다. 특히 중앙 라운지에는 그랜드피아노를 두고 자유로이 학생들이 음악을 연주할 수 있도록 한 점이 주목할 만하다. 하나스퀘어의 지하 1층은 단지 그 공간만을 위한 것이라기보다 자

5-16 하나스퀘어, 삼우종합건축+에이스종합건축, 2005-06

5-17 하나스퀘어 지하 아트리움

연계 캠퍼스 전체 동선의 핵심이라 할 수 있다. 안암병원 맞은편의 주출입구로 진입한 보행자는 선큰가든(sunken garden)의 외부 계단을 통해 지하층으로 진입이 가능하며, 여기에서 과학도서관의 지하 편의 시설로 통할 수 있다. 그리고 반대편 산학관 쪽의 선큰가든은 동선을 위해서뿐만 아니라 지하층에 도입된 외부 정원으로서 역할을 한다. 이곳은 자연 채광을 가능케 하여 쾌적한 지하공간 조성에 크게 공헌하였다. 지상에서 본 하나스퀘어는 동쪽 주출입구 측의 사각형 유리 상자와 산학관 측의 사선으로 돌출된 유리 매스가 초록의 잔디밭 위로 두드러진다. 잔디밭과 화단 사이로 쭉 뻗은 직선 보행로는 기하학적 규율이 엄정하여 완전히 개방된 본관 앞의 중앙광장과 대조를 이룬다. 이처럼 강력한 가로축은 지하 1층에도 고스란히 적용되어 전체 공간을 지배한다. 한편, 보행로를 따라 식재된 나무는 뿌리가 깊지 못해 충분히 자라지 못하는 한계를 보이고 있다. 2006년 8월에 준공한 하나스퀘어는 이듬해 한국건축문화대상 우수상, 한국건축가협회상 본상, 서울특별시건축상 비주거부문 본상 등을 수여받음으로써 디자인의 참신함을 입증했다.

5) 해송법학도서관 (2006-07)

법학전문대학원 개원을 준비하며 건축된 해송법학도서관은 지하 2층, 지상 3층에 연면적 3,670㎡(약 1,110평)를 갖는 국내 단과대학 최대 규모의 도서관이다. 여기에는 4만 권에 가까운 장서가 집중되며 열람실을 비롯한 다양한 법과대학 시설이 들어선다. 이래종합건축에 의해 설계된 이 도서관은 그 규모 못지않게 중요한 건축적 특성을 담고 있다. 첫째는 화강석과 무관한 티타늄아연판을 주재료로 사용했다는 사실이며, 둘째는 건물 2-3층의 매스를 캔틸레버(cantilever)로 처리하며 남측 방향으로 과감히 돌출시켰다는 사실이다. 두 가지 특성 모두 당시까지의 고려대 건축물에 적용된 바 없는 세련되고 도전적인 시도라고 할 수 있다.

5-18 해송법학도서관, 이래종합건축, 2006-07

5-19 비슷한 시기에 건축된 동원글로벌리더십홀과 해송법학도서관. 고딕양식과 현대식 건물의 공존을 보여 준다

사적으로 지정된 중앙도서관 뒤에 위치하여 문화재청의 심의대상이었음에도 불구하고 이 건물은 기존 고딕석탑의 직접적 영향으로부터 교묘히 비껴갈 수 있었다. 이러한 사실은 같은 시기 바로 옆에 건축된 고딕양식의 동원글로벌리더십홀과 큰 대조를 이룬다. 그러나 이 건물이 주변의 석탑 건물들과 꼭 단절된 것만도 아니다. 티타늄아연판의 색채를 화강석과 유사한 회색조로 선택했을 뿐만 아니라, 이 금속판의 완만히 굴곡진 울음현상이 거친 화강석 재질과 현대적 조화를 창출해 내기 때문이다. 최신의 건축재료 도입과 과감한 매스 구성은 고풍스러웠던 고려대 캠퍼스에 새로운 건축적 가능성을 선사했다고 하겠다. 해송법학도서관은 2007년도에 한국건축문화대상 우수상을 수상했다.

6) 미래융합기술관 (2006-08)

미래융합기술관은 세계적 연구기관인 바텔연구소를 유치하면서 재정 지원을 받아 건축되었다. 이 건물은 지상 6층 규모로 강의실과 교수연구실, 행정실 및

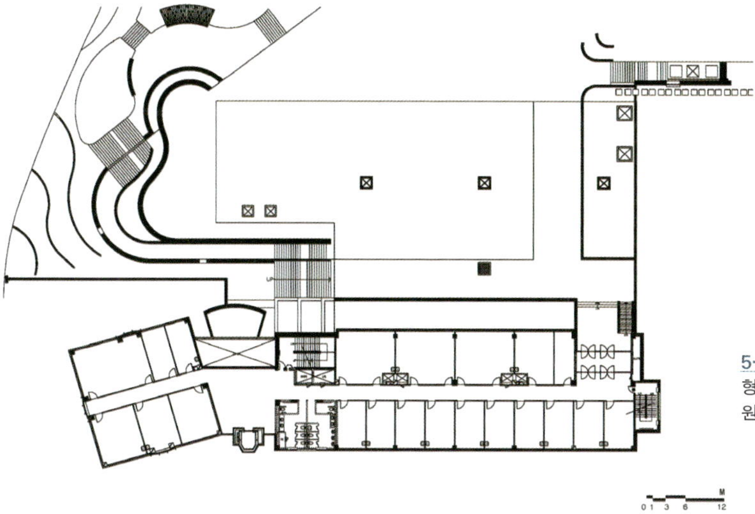

5-21 미래융합기술관 2층 평면도. 지형을 이용해 지상 1층의 북측 옥상이 정원으로 조성되었다

5-20 미래융합기술관, 코아설계+내외종합건축, 2006-08

바텔연구소 실험실이 입주했다. 1층을 평면상으로 보면 거의 정사각형에 가까운데, 여기에서 강당 부분이 돌출되어 뒤틀려 배치된 모양새이다. 그러나 경사지 특성상 1층의 북측이 지하로 처리되었고 그 위는 정원이 조성되었다. 결국 지상으로 보이는 건물은 1층 일부와 2층 이상의 부분이다. 자연계 캠퍼스의 생명과학관(동관)과 생활관 사이에 위치한 이 건물은 애기능의 주출입구인 북문에 들어서면 곧 그 정면을 드러내 보이기 때문에 과학고대의 인상을 좌우한다 할 수 있다. 건물 전체에서 살짝 튼 강당 매스가 질서로부터 온건한 일탈을 보여 주며, 그 위의 유리 원통 및 옥상 구조물은 건물 명칭처럼 미래를 지향하는 듯하다. 그리고 벽면의 밝은 회색빛 화강석 판재와 청록색 유리창이 대비를 이루며 경쾌한 인상을 부여한다. 미래융합기술관은 코아설계 및 내외건축사사무소 설계에 따라 2008년 8월 완공되었다.

7) 운초우선교육관 (2008-10)

2010년 2월 완공된 운초우선교육관은 2007년 본교에 100억 원을 쾌척한 박양숙 여사(又仙)와 그 남편인 고 정영호 박사(芸樵)의 호를 따라 명명한 것이다. 캠퍼스 동북단의 사범대 영역에 자리한 이 건물은 지하 1층, 지상 7층의 규모로서, 경사지 조건상 캠퍼스 밖의 북악산로에 면한 북동쪽에는 출입구가 1층에 위치하지만 사범대 본관과 신관을 바라보는 남서쪽에는 출입구가 4층에 위치한다. 그리고 각 출입구에는 두 개 층 높이의 열주가 내외부를 매개함과 동시에 건물 전체의 인상을 좌우한다. 한편, 건물 평면은 사다리꼴 대지 형상에 맞게 두 번 단이 졌는데, 이로써 교육관 전체가 세 개의 매스로 분절되었다고 볼 수 있다. 그러나 이 같은 일반적 성격 이외에 주목해야 할 점은 외장재인 화강석 사이의 조인트가 오픈되어 있다는 사실이다. 보성전문 시절의 습식공법이 사용된 건물에는 시멘트 모르타르가 화강석 사이의 접착제로 사용되었고, (벽체에 고정된 철물이 외장재를 붙잡아 주는) 근래의 건식공법에서는 실리콘 밀봉제가 돌판 사이를 메워 줬

5-22 운초우선교육관, 이래종합건축, 2008-10. 캠퍼스 바깥 북악산로에서 본 모습

5-23 외장 화강석 오픈 조인트 디테일

다. 그러나 이 건물의 오픈 조인트(Open Joint) 방식은 아예 그 틈을 그대로 내버려 둔 것이다. 이것은 통풍을 통한 냉방에너지 절감을 위해 도입되었지만 디자인 측면에서도 가느다란 흑색의 줄눈을 사용한 듯한 신선한 이미지를 선사한다. 그리고 울퉁불퉁하게 마감된 화강석은 그 가는 틈새의 굵기마저도 시점에 따라 달리 보이게 한다. 해송법학도서관을 담당했던 이래종합건축에서 이 건물의 설계를 맡았는데, 고려대학교 건축물 외피를 위한 현대적 대안을 두 가지 다른 방식으로 제시했다고 하겠다.

8) 미디어관 (2009-11)

약 2년의 공사를 통해 2011년 8월 준공한 미디어관은 미디어학부와 조형학부에서 주로 사용한다. 삼우종합건축이 디자인한 이 건물은 고려대 캠퍼스의 이전 건물들과 여러모로 구별된다. 우선은 지하 2층에서 지상 12층까지 솟아 그 높이가 기존 건물들의 두 배에 이른다. 따라서 마치 고층 사무소 건물과 같은 인상을 주는데, 건물 외부가 대부분 유리 커튼월로 마감되어 이런 느낌을 더 강화시킨다. 게다가 우당교양관과 정경관 뒤편의 부정형 대지에 건축되어 평면 자체가 일반적 사각형에서 벗어나 여러 도형이 조합된 형상을 이루고 있다. 저층부의 평면만을 보면 그 불규칙한 형세가 흡사 권총 모양을 닮았다.[그림 5-24] 이 같은 평면의 다변성은 건물의 3차원 매스에서도 그대

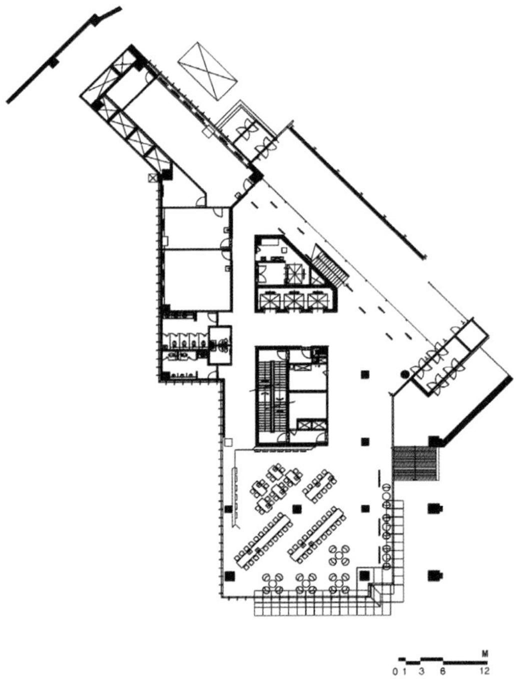

5-24 미디어관 1층 평면도

5-25 미디어관, 삼우종합건축, 2009-11. 보는 각도에 따라 다른 형태를 띤다. 위 사진은 안암병원 쪽에서 본 모습, 아래 왼쪽 사진은 고대사거리 쪽에서 본 모습, 아래 오른쪽 사진은 정경관 쪽으로 뻗어나온 목재 외장의 영화관 매스

로 드러난다. 저층부와 고층부가 분절되었을 뿐만 아니라 고층부에서도 수직 루버가 강조된 부분과 수평 루버가 강조된 부분 등 서로 다른 성격의 매스들이 조합되었고, 중간 중간 덧댄 수평 금속제 프레임이 이러한 구성에 조형성을 더하기 때문이다. 특히 상부로 갈수록 평면을 확장하는 북측의 코벨(corbel)형 매스는 (해송법학도서관의 캔틸레버와 마찬가지로) 그간의 고려대 캠퍼스를 생각할 때 도전적이라 할 만하다. 그리고 정경관을 향해 뻗어 나온 3-4층의 영화관 매스는 비정형의 형태와 갈색 목재 외장으로 큰 이채를 띤다. 이러한 이유로 미디어관은 사방의 보는 각도에 따라 관찰자에게 다른 형태로 다가온다. 그럼에도 불구하고 이 건물이 고려대학교 건축의 특성과 완전히 독립된 것은 아니다. 건축가는 저층부 전체에 걸쳐 거칠게 마감한 화강석 돌붙임을 반복적 수직패턴으로 적용했으며, 이런 패턴을 우당교양관과 인촌로 쪽 고층부에도 일부 연장시켰다. 캠퍼스 내의 사무소형 유리 고층건물이라는 차별성 속에서도 학교의 아이덴티티를 유지하려는 노력으로 보인다. 삼우종합건축에 따르면 저층부는 기존 캠퍼스와의 조화에 중점을 뒀고, 고층부는 미디어학부의 특성에 맞는 외부와의 소통에 착안하여 유리로써 개방성을 표현했다고 한다(『고대신문』, 2011.8.29).

9) 로봇융합관 (2009-11)

실내체육관(미래공학관 착공과 함께 2013년 가을 철거됨) 앞, 자연계 캠퍼스의 최남단에 세워진 로봇융합관은 그리 크지 않은 규모에 평범한 외관을 하고 있다. 건물 서측 상층부에 철골프레임을 돌출시켜 기계적 이미지를 가미한 것 이외에는 건축적으로 크게 눈에 띄는 요소가 없는 것으로 보인다. 그러나 이 건물은 건설 그 자체가 국책연구로 진행된 고층건물시공자동화사업단의 연구성과이다. 2009년 11월부터 2011년 10월까지 약 2년 동안의 공사를 통해 완공된 이 건물은 지하 1층, 지상 7층에 5,058㎡(약 1,530평)의 연면적을 가지고 있는데, 골조 대부분을 건설용 로봇시스템이 담당하였다. 따라서 이 건물의 존재만으로도 자

5-26 로봇융합관, EPI설계, 2009-11

연계 캠퍼스는 하이테크적 면모를 과시하는 것이며, 고딕석탑으로 시작된 고려대 캠퍼스에 건축의 첨단과 미래를 선보인 것으로 볼 수 있다. 로봇융합관에는 고층건물시공자동화사업단의 연구실과 실험실을 비롯해 공과대학의 여러 연구단이 입주하였다. 이 건물의 설계는 EPI설계사무소에서 맡았다.

10) 현대자동차경영관 (2011-13)

1972년 경영본관(당시 상과대학 종합교사)의 건립으로 탄탄한 기초를 다졌던 경영대학은 2000년대 들어 LG-POSCO 경영관(2001-03)을 건축했고, 불과 10년 만인 2013년 9월 현대자동차경영관도 준공했다. 한 세기가 넘는 고려대학교의 역사 가운데 한 축을 담당했던 경영대학은 지금까지 대한민국 경제를 견인한 수많은 인재들을 배출했으며 국내외의 각종 지표에서 그 우수성을 입증했는데, 현

5-27 현대자동차경영관, 삼우종합건축, 2011-13. 현대적 감각을 뽐내는 남동측 입면

대자동차경영관의 신축으로 미래를 향한 도약의 발판을 하나 더 마련한 셈이다. 이 프로젝트에는 현대자동차그룹뿐만 아니라 3,600여 명의 기부자가 참여했다.

삼우종합건축이 설계하고 현대엠코가 시공을 담당한 이 건물은 경영본관 바로 뒤편에 위치한다. 디자인적 측면에 볼 때, 화강석으로 외장된 주변 건물과의 동질성과 미래지향적 이미지 사이의 균형이 설계자의 주요 고려 사안이었을 것이다. 경영본관과 LG-POSCO 경영관 사이의 진입로에서 보게 되는 이 건물은 세련된 유리 커튼월과 금속제 핸드레일의 구성이 주조를 이루어 현대적 감각을 뽐낸다. 반면, 캠퍼스 바깥을 향하는 북동쪽 입면은 거칠게 마름된 화강석이 주요 프레임을 형성함으로써 고려대학교 건물로서의 정체성을 유지하고 있다. 건물 규모는 지하 4층, 지상 5층에 약 15,460㎡(4,678평)의 연면적을 갖는다. 여기에는 다수의 교수연구실과 강의실뿐만 아니라 첨단 시스템과 현대적 디자인의

그룹스터디룸이 50개소나 마련되어 학생들의 학습 의욕을 고취하고 있으며, 곳곳에 배치된 라운지의 휴게공간은 옥외의 정원과 연계되어 쾌적한 실내를 창조한다. 하지만 앞서 서술한 모든 요소를 뛰어넘는 이 건물만의 특징은 1층 로비에서 지하 3층까지 이르는 연속된 계단에 있다. 북측 출입구에 들어서면 로비를 지나 곧바로 이 계단을 마주하게 되는데, 3개층 아래로 막힘 없이 흐르는 시야는 기존의 좁은 계단실이 주는 심리적 제약으로부터의 탈피를 나타낸다. 지하 3층에서 계단 위를 올려다볼 때도 마찬가지이며, 이런 패턴은 지상 1층에서 3층까지 이르는 계단에도 반복된다. 이 연속 계단은 현대자동차경영관이 고려대학교에 처음 선보인 건축 요소로서 의미가 크다.

5-28 1층 로비에서 지하 3층에 이르는 연속 계단

11) 미래공학관 (2013-공사중)

고려대학교 공과대학의 역사는 1962년 12월 문리과대학 이학부에 화학공학과 신설되고 이듬해 3월 첫 신입생을 받았을 때로 거슬러 올라간다. 같은 해 12월 문리과대학이 문과대학과 이공대학으로, 그리고 1977년 이공대학이 이과대학과 공과대학으로 분리되며 공과대학은 그만의 정체성을 확립해 나갔다. 그 사이 공대는 토목, 건축, 기계공학 등을 비롯한 여러 학과를 신설했고, 짧은 역사에도 불구하고 사회 발전에 이바지한 각계각층의 인력을 배출했으며, 각 학과의 모습과 명칭은 시대의 요청에 적극 부응하며 변화해 왔다. 2013년을 기해 공과대학

5-29 미래공학관, 시아플랜+해안종합건축, 2013년 10월 기공

은 50주년을 기념하는 다양한 사업을 마련했는데, 그중에 가장 심혈을 기울인 것이 미래공학관 건축이었다. 그동안 공과대학은 이공대학 본관[제2공학관]과 공학관을 비롯해, 창의관, 미래융합관, 로봇융합관 등을 중심으로 교육과 연구에 매진해 왔다. 그럼에도 불구하고 공대의 첫 보금자리였던 제2공학관의 노후화 문제는 해결해야 할 숙제로 오래전부터 제기되었었다. 그에 대한 대응이 미래공학관이었던 것이다. 이 프로젝트는 공과대학 교수와 교우, 학부모, 각종 기업체 등의 적극적 기부를 바탕으로 시작된다.

건물 설계는 시아플랜과 해안종합건축사사무소이 담당했고, 시공은 대우건설이 맡았으며, 기공식은 2013년 10월에 있었다. 이 건물은 창의관의 바로 옆에 터를 잡고 남쪽으로 직사각형 평면을 뻗어냈는데, 이 사업에 앞서 철거된 실내체육관(농구장) 및 전파공학관의 일부 자리가 그 터와 겹쳐진다. 지하 4층, 지상 6층에 약 3,060㎡(927평)의 건축면적과 26,450㎡(8,014평)의 연면적을 갖게 되는 이 건물에는 제2공학관에 있던 학부생 교육공간과 대학원 연구실, 강의실 등이 계획되었고, 교수연구실도 들어설 예정이다. 외적으로 볼 때 미래공학관 디자인의 가장 큰 특징은 저층부의 유리 상자가 수평 띠의 단일한 볼륨을 이루고 있다는 점과 그 위로 수직 루버가 연속되며 건물 정면의 인상을 좌우한다는 점이다. 특히 일련의 수직 루버는 금속판으로 외장되었을 뿐만 아니라 미묘한 각도로 꺾임으로써 보행자의 시선을 사로잡는다. 이 역시 고려대학교에 처음 시도된 참신한 요소라 하겠다. 이러한 새로운 시도는, 여전히 온건하지만, 미래의 고대 건축을 향한 작은 실험으로서 역할하리라 기대된다.

Ⅱ. 고려대학교 건축물 일람
(서울 안암캠퍼스)

건축물 총 목록

1. 인문사회계

[1] 본관 — [2] 중앙도서관(대학원) — [3] 문과대학(서관) — [4] 사범대학 본관 — [5] 강당 — [6] 아세아문제연구소 — [7] 홍보관 — [8] 학생회관 — [9] 경영본관 — [10] 중앙도서관(신관) — [11] 법학관(구관) — [12] 정경관 — [13] 체육생활관 — [14] 사범대학 신관 — [15] 인촌기념관 — [16] 교우회관 — [17] 4.18기념관 — [18] 국제관 — [19] 법학관(신관) — [20] 고려대 라이시움(평생교육원) — [21] 중앙광장 — [22] LG · POSCO 경영관 — [23] 우당교양관 — [24] 타이거플라자 — [25] 백주년기념삼성관 — [26] 해송법학도서관 — [27] 청산 · MK문화관 — [28] 동원글로벌리더십홀 — [29] 운초우선교육관 — [30] 미디어관 — [31] CJ 법학관 — [32] 현대자동차경영관

2. 자연계

[1] 제2공학관 — [2] 실내체육관(농구장) — [3] 공학관 별관 — [4] 이학관 별관 — [5] 생명과학관(서관) — [6] 애기능 학생회관 — [7] 정보전산처 — [8] 과학도서관 — [9] 전파공학관 — [10] 풍동실험관 — [11] 구조물진동실험관 — [12] 기초과학관 — [13] 제1실험관 — [14] 제2실험관 — [15] 제1실험관 부속건물 — [16] 공학관 — [17] 산학관 — [18] 아산이학관 — [19] 애기능 생활관 — [20] 창의관 — [21] 생명과학관(동관) — [22] 동물실험실 — [23] 환경실험관 — [24] 하나스퀘어 — [25] CJ 식품안전관 — [26] 미래융합기술관 — [27] 로봇융합관 — [28] 우정정보통신관 — [29] 하나과학관 — [30] 미래공학관(공사중)

3. 녹지

[1] 안암학사1동(A동) — [2] 안암학사2동(B동) — [3] 안암학사 관리동(C동) — [4] 안암학사 여학생동(D동) — [5] 의과대학 제1의학관 — [6] 안암병원(의료원) — [7] 의학도서관 — [8] 외국인숙소(E동) — [9] 안암학사 고시동(V동) — [10] 차고 · 창고 — [11] 아이스링크 — [12] 한국학관 — [13] 생명과학관(녹지) — [14] 안암병원 장례식장 — [15] 학군단 — [16] 체육위원회 · 연수관 — [17] CJ 인터내셔널 하우스 — [18] 화정체육관 — [19] 프런티어관 — [20] 의과대학 본관 — [21] 우정간호학관 — [22] 안암 글로벌하우스 — [23] 문숙의학관

* 제1부에서는 건축 당시의 건물명을 기준으로 하였으나, 제2부의 건축일람에서는 현재의 건물명을 기준으로 하였다.

1. 인문사회계

1. 본관 Main Hall

- 건축면적: 948.76㎡ (287평)
- 연면적: 3,223.14㎡ (975평)
- 건축규모: 지상 6층
- 건축구조: 철근콘크리트조+석조
- 외부마감: 화강석 혹두기
- 설계: 박동진
- 시공: 후지타 고오기로 (藤田幸二郎)
- 공사기간: 1933.9-1934.8
- 기타: 사적 제285호

2. 중앙도서관(대학원) Graduate School (Library)

- 건축면적: 1,219.83㎡ (369평)
- 연면적: 4,089.24㎡ (1,237평)
- 건축규모: 지상 5층
- 건축구조: 철근콘크리트조+석조
- 외부마감: 화강석 혹두기
- 설계: 박동진
- 시공: 후지타 겐이치 (藤田源市)
- 공사기간: 1935.6-1937.9;
  1957.10-1958.5
- 기타: 사적 제286호

3. 문과대학(서관) College of Liberal Arts Building

- 건축면적: 2,346.63㎡ (709.86평)
- 연면적: 7,372.54㎡ (2,230.19평)
- 건축규모: 지상 6층/ 지하 1층
- 건축구조: 철근콘크리트조+석조
- 외부마감: 화강석 혹두기
- 설계: 박동진
- 시공: 덕화공영
- 공사기간: 1950; 1954.5-1955.5; 1959.5-1961.6; 1992

4. 사범대학 본관 College of Education Building 1

- 건축면적: 936.1㎡ (283.17평)
- 연면적: 2,513.49㎡ (760.33평)
- 건축규모: 지상 3층
- 건축구조: 철근콘트리트조+석조
- 외부마감: 화강석 혹두기
- 설계: 박동진
- 시공: 한신공영(1981)
- 공사기간: 1955.9-1956.5; 1958.12; 1981
- 기타: 최초 농과대학 건물로 건축되었고, 1976년부터 사범대가 사용

5. 강당 Auditorium

- 건축면적: 1,312.4㎡ (397평)
- 연면적: 1,474.38㎡ (446평)
- 건축규모: 지상 1층/ 지하 1층
- 건축구조: 철근콘크리트조
- 외부마감: 화강석 혹두기
- 설계: 박동진
- 공사기간: 1956.9-1957.4

6. 아세아문제연구소 Asiatic Research Center

- 건축면적: 433.98m^2 (131.28평)
- 연면적: 1,735.92m^2 (525.12평)
- 건축규모: 지상 4층
- 건축구조: 철근콘크리트조
- 외부마감: 미장 위 뿜칠도장
- 공사기간: 1965.2-1966.10

7. 홍보관 Communication Building

- 건축면적: 1,443.72m^2 (436.73평)
- 연면적: 4,556.36m^2 (1,378.3평)
- 건축규모: 지상 4층
- 건축구조: 철근콘크리트조
- 외부마감: 미장 위 수성페인트
- 설계: 예인그룹(1994); 고우건축(1996)
- 시공: 창강종합건설(1996);
  대양토건(1997)
- 공사기간: 1966.10-1968.6;
  1994.12-1996.9(우체국);
  1996.11-1997.7

8. 학생회관 Student Union Building

- 건축면적: 1,441.66m^2 (436.1평)
- 연면적: 6,557.33m^2 (1,983.59평)
- 건축규모: 지상 6층/ 지하 1층
- 건축구조: 철근콘트리트조
- 외부마감: 미장 위 수성페인트
- 설계: 이정덕
- 시공: 대림산업
- 공사기간: 1970.5-1971.6; 2003.1

9. 경영본관 Business School Main Hall

- 건축면적: 1,083.97㎡ (327.9평)
- 연면적: 6,653.30㎡ (2,012.62평)
- 건축규모: 지상 5층/ 지하 1층
- 건축구조: 철근콘크리트조
- 외부마감: 화강석 혹두기+판석
- 설계: 이정덕
- 시공: 현대건설
- 공사기간: 1971.5-1972.6; 1981.4; 2000.5(리모델링)

10. 중앙도서관(신관) Main Library

- 건축면적: 3,168.69㎡ (958.53평)
- 연면적: 14,390.29㎡ (4,353.06평)
- 건축규모: 지상 7층/ 지하 1층
- 건축구조: 철근콘크리트조
- 외부마감: 화강석 혹두기
- 설계: 이정덕
- 시공: 태인산업
- 공사기간: 1974.6-1977.12; 2004.6

11. 법학관(구관) College of Law Building Annex

- 건축면적: 798㎡ (241.4평)
- 연면적: 4,132.25㎡ (1,250.01평)
- 건축규모: 지상 4층/ 지하 2층
- 건축구조: 철근콘크리트조
- 외부마감: 화강석 혹두기+판석
- 설계: 박윤성+종합건축
- 시공: 라이트주택개발
- 공사기간: 1983.5-1984.5

12. 정경관 College of Political Science & Economics Building

- 건축면적: 1,346m² (407.17평)
- 연면적: 8,202.90m² (2,481.38평)
- 건축규모: 지상 6층/ 지하 1층
- 건축구조: 철골철근콘크리트조
- 외부마감: 변색벽돌; 화강석 혹두기+판석(리모델링)
- 설계: 박윤성; 코오롱건설(리모델링)
- 시공: 럭키개발; 태아건설산업; 삼성물산(리모델링)
- 공사기간: 1983.6-1984.7; 1992.5-1993.1; 2003. 9(리모델링)

13. 체육생활관 Sport & Recreation Center

- 건축면적: 880.8m² (266.44평)
- 연면적: 2,091.90m² (632.8평)
- 건축규모: 지상 3층
- 건축구조: 철근콘크리트조
- 외부마감: 미장 위 뿜칠도장
- 설계: 우일건축연구소
- 시공: 쌍용종합건설
- 공사기간: 1984.9-1985.4

14. 사범대학 신관 College of Education Building 2

- 건축면적: 675.9m² (204.46평)
- 연면적: 3,045.80m² (921.35평)
- 건축규모: 지상 4층/ 지하 1층
- 건축구조: 철근콘트리트조
- 외부마감: 드라이비트(외단열)
- 설계: 종합건축; 김중업종합건축
- 시공: 태아건설산업; 두진종합건설
- 공사기간: 1987.12-1988.8; 1994.2-1995.1
- 기타: 기존의 가정관을 병합하여 신축(1988) 하고 후에 증축(1995)

15. 인촌기념관 Inchon Memorial Hall

◆ 건축면적: 2,429.92㎡ (735.05평)
◆ 연면적: 7,177.07㎡ (2,171.06평)
◆ 건축규모: 지상 5층/ 지하 1층
◆ 건축구조: 철근콘크리트조
◆ 외부마감: 화강석 혹두기, 드라이비트(외단열)
◆ 설계: 동현건축
◆ 시공: 럭키개발
◆ 공사기간: 1989.3-1991.10

16. 교우회관 Alumni Hall

◆ 건축면적: 1,149.03㎡ (347.58평)
◆ 연면적: 8,080.39㎡ (2,444.32평)
◆ 건축규모: 지상 5층/ 지하 1층
◆ 건축구조: 철근콘크리트조
◆ 외부마감: 화강석 혹두기+판석
◆ 설계: 서인 · 서보종합건축
◆ 시공: 현대건설
◆ 공사기간: 1995.1-1996.9

17. 4.18기념관 4.18 Memorial Hall

◆ 건축면적: 900㎡ (272.25평)
◆ 연면적: 3,816.04㎡ (1,154.35평)
◆ 건축규모: 지상 2층/ 지하 2층
◆ 건축구조: 철근콘크리트조
◆ 외부마감: 화강석 판석
◆ 설계: 삼우종합건축
◆ 시공: 명지건설
◆ 공사기간: 1996.5-1998.1

18. 국제관 International Studies Hall

- 건축면적: 3,561.41m² (1,077.33평)
- 연면적: 23,992.46m² (7,257.72평)
- 건축규모: 지상 7층/ 지하 2층
- 건축구조: 철근콘크리트조
- 외부마감: 화강석 판석(물갈기), 유리커튼월
- 설계: 무영종합건축
- 시공: LG건설
- 공사기간: 1997.10-1999.11
- 기타: 2000년 서울시건축상 동상 수상

19. 법학관(신관) College of Law Building

- 건축면적: 1,899.18m² (574.5평)
- 연면적: 10,736.31m² (3,247.73평)
- 건축규모: 지상 5층/ 지하 1층
- 건축구조: 철근콘크리트조
- 외부마감: 화강석 혹두기+판석
- 설계: 공간환경종합건축
- 시공: 현대건설
- 공사기간: 1999.2-2001.3

20. 고려대 라이시움(평생교육원) KU-Lyceum (Institute for Continuing Education)

- 건축면적: 6,395.95m² (1,934.77평)
- 연면적: 12,489.20m² (3,777.98평); 14,234.06m² (4,313.35평)(증축)
- 건축규모: 지상 4층; 지상 6층/ 지하 1층(증축)
- 건축구조: 철근콘크리트조
- 외부마감: 화강석 혹두기+판석
- 설계: 건원국제종합건축; GNI종합건축(증축)
- 시공: 포스코개발; 양우건설(증축)
- 공사기간: 1999.12-2001.8; 2010.12-2011.4(증축)

21. 중앙광장 Central Plaza

- 건축면적: 245.52㎡ (74.27평)
- 연면적: 39,059.53㎡ (11,815.51평)
- 건축규모: 지상 1층(공원)/ 지하 3층
- 건축구조: 철근콘크리트조
- 설계: 한길종합건축+신화컨설팅
- 시공: LG건설
- 공사기간: 2000.4-2002.3
- 기타: 2002년 서울시 '올해의 조경상' 수상

22. LG · POSCO 경영관 LG · POSCO Hall

- 건축면적: 2,664.97㎡ (807.57평)
- 연면적: 14,120.93㎡ (4,271.58평)
- 건축규모: 지상 6층
- 건축구조: 철근콘크리트조
- 외부마감: 화강석 혹두기
- 설계: POS · AC종합건축
- 시공: 포스코건설
- 공사기간: 2001.7-2003.9

23. 우당교양관 Woodang Hall

- 건축면적: 1,846.26㎡ (558.49평)
- 연면적: 10,993.39㎡ (3,325.5평)
- 건축규모: 지상 6층/ 지하 1층
- 건축구조: 철근콘크리트조
- 외부마감: 화강석 혹두기
- 설계: 내외종합건축
- 시공: 현대산업개발
- 공사기간: 2002.1-2003.9
- 기타: 기존의 교양관(과학관, 1959-60) 을 철거하고 신축

24. 타이거플라자 Tiger Plaza

- 건축면적: 321.51m^2 (97.26평)
- 연면적: 1,421.56m^2 (430.02평)
- 건축규모: 지상 4층/ 지하 1층
- 건축구조: 철골조
- 외부마감: 화강석 버너구이, 유리커튼월
- 설계: 여영호+에이스종합건축
- 시공: 평강건설
- 공사기간: 2004.3-8

25. 백주년기념삼성관 Centennial Memorial Samsung Hall

- 건축면적: 4,626.76m^2 (1,399.59평)
- 연면적: 23,382.80m^2 (7,073.3평)
- 건축규모: 지상 4층/ 지하 2층
- 건축구조: 철근콘크리트조
- 외부마감: 화강석 혹두기
- 설계: 삼우종합건축
- 시공: 삼성물산
- 공사기간: 2003.1-2005.5
- 기타: 기존 박물관 흡수

26. 해송법학도서관 Haesong Law Library

- 건축면적: 717.09m^2 (216.92평)
- 연면적: 3,670.20m^2 (1,110.24평)
- 건축규모: 지상 3층/ 지하 2층
- 건축구조: 철근콘크리트조
- 외부마감: 티타늄아연판, 화강석 버너구이, 칼라로이복층유리
- 설계: 이래종합건축
- 시공: 자드건설
- 공사기간: 2006.1-2007.3

27. 청산 · MK문화관 Chungsan · MK Cultural Hall

- 건축면적: 346㎡ (104.67평)
- 연면적: 2,493.31㎡ (754.23평)
- 건축규모: 지상 6층/ 지하 2층
- 건축구조: 철근콘크리트조
- 외부마감: 화강석 혹두기+판석, 외장타일
- 설계: 에이스종합건축
- 시공: 자드건설
- 공사기간: 2006.8-2007.6

28. 동원글로벌리더십홀 Dongwon Global Leadership Hall

- 건축면적: 547.3㎡ (165.56평)
- 연면적: 2,235.32㎡ (676.18평)
- 건축규모: 지상 2층/ 지하 2층
- 건축구조: 철근콘크리트조
- 외부마감: 화강석 혹두기
- 설계: 에이스종합건축
- 시공: 동원시스템즈
- 공사기간: 2006.10-2007.11
- 기타: 기존의 여학생회관 철거된 자리에 신축

29. 운초우선교육관 Uncho · Useon Hall

- 건축면적: 1,800.38㎡ (544.61평)
- 연면적: 12,669.27㎡ (3,832.45평)
- 건축규모: 지상 7층/ 지하 1층
- 건축구조: 철근콘크리트조
- 외부마감: 화강석 판석
- 설계: 이래종합건축
- 시공: CJ건설
- 공사기간: 2008.11-2010.2

30. 미디어관 Media Hall

- 건축면적: 1,616.88m^2 (489.11평)
- 연면적: 11,663.37m^2 (3,528.17평)
- 건축규모: 지상 12층/ 지하 2층
- 건축구조: 철근콘크리트조
- 외부마감: 유리커튼월, 화강석 혹두기, 목재패널
- 설계: 삼우종합건축
- 시공: CJ건설
- 공사기간: 2009.10-2011.8

31. CJ 법학관 CJ Law Hall

- 건축면적: 1,280.86m^2 (387.46평)
- 연면적: 7,810.90m^2 (2,362.80평)
- 건축규모: 지상 5층/ 지하 2층
- 건축구조: 철근콘크리트조
- 외부마감: 화강석 버너구이, 알루미늄 커튼월
- 설계: AI건축
- 시공: CJ건설
- 공사기간: 2011.5-2012.11

32. 현대자동차경영관 Hyundai Motor Hall

- 건축면적: 2,302.15m^2 (696.4평)
- 연면적: 15,464.77m^2 (4,678.09평)
- 건축규모: 지상 5층/ 지하 4층
- 건축구조: 철골철근콘크리트조
- 외부마감: 화강암 판석, 복합기능성 로이유리
- 설계: 삼우종합건축
- 시공: 현대엠코
- 공사기간: 2011.1-2013.9

2. 자연계

1. 제2공학관 College of Engineering Building 2

- 건축면적: 2,745.59㎡ (830.54평)
- 연면적: 13,349.77㎡ (4,038.31평)
- 건축규모: 지상 5층
- 건축구조: 철근콘크리트조
- 외부마감: 미장위 수성페인트, 뿜칠도장
- 설계: 박동진
- 시공: 동산토건
- 공사기간: 1957.9-1963.3;
  1963.8-1964.10;
  1968.6-10
- 기타: 최초 교양학부 및 이공대학 건물로 사용

2. 실내체육관(농구장) Gymnasium (Basketball Court)

- 건축면적: 853.43㎡ (258.16평)
- 연면적: 853.43㎡ (258.16평)
- 건축규모: 지상 2층
- 건축구조: 철골철근콘크리트조
- 외부마감: 미장위 수성페인트
- 설계: 박윤성
- 시공: 동산토건
- 공사기간: 1967.10-1968.4
- 기타: 2013년 가을 철거

3. 공학관 별관 College of Engineering Building 2 Annex

- 건축면적: 784.23m² (237.23평)
- 연면적: 4,491.39m² (1,358.65평)
- 건축규모: 지상 6층
- 건축구조: 철근콘크리트조
- 외부마감: 미장 위 수성페인트, 뿜칠도장
- 시공: 동아토건; 한서종합건설
- 공사기간: 1970.6-1971.6;
  1992.5-1993.1

4. 이학관 별관 College of Science Asan Hall Annex

- 건축면적: 804.07m² (243.23평)
- 연면적: 4,176.12m² (1,263.28평)
- 건축규모: 지상 5층
- 건축구조: 철근콘크리트조
- 외부마감: 미장 위 수성페인트, 뿜칠도장
- 공사기간: 1971.4-11

5. 생명과학관(서관) College of Life Science & Biotechnology Building (West)

- 건축면적: 2,369.59m² (716.8평)
- 연면적: 12,027.03m² (3,638.18평)
- 건축규모: 지상 5층/ 지하 1층
- 건축구조: 철근콘크리트조
- 외부마감: 미장 위 수성페인트;
  화강석 혹두기+판석(리모델링)
- 설계: 이정덕; 내외종합건축(리모델링)
- 시공: 우진토건; 두진건설;
  코오롱건설(리모델링)
- 공사기간: 1975.6-1977.3;
  1986.7-10; 1995.1-12;
  2004.4(리모델링)
- 기타: 최초 농과대학 신교사로 건축

6. 애기능 학생회관 Aegineung Student Union Building

- 건축면적: 507.07m² (153.39평)
- 연면적: 1,873.65m² (566.78평)
- 건축규모: 지상 4층/ 지하 1층
- 건축구조: 철근콘크리트조
- 외부마감: 드라이비트(외단열)
- 설계: 서종에스엔아이
- 시공: 우진토건
- 공사기간: 1981.7-12

7. 정보전산처 Information Technology & Service Building

- 건축면적: 487.01m² (147.32평)
- 연면적: 1,686.03m² (510.02평)
- 건축규모: 지상 4층/ 지하 1층
- 건축구조: 철근콘크리트조
- 외부마감: 타일
- 설계: 박윤성+종합건축
- 시공: 한신공영
- 공사기간: 1981.7-1982.12

8. 과학도서관 Science Library

- 건축면적: 2,990.65m² (904.67평)
- 연면적: 18,755.58m² (5,673.56평)
- 건축규모: 지상 6층/ 지하 1층
- 건축구조: 철근콘크리트조
- 외부마감: 타일
- 설계: 박윤성+종합건축
- 시공: 한신공영
- 공사기간: 1982.4-1983.9; 2006.9

9. 전파공학관 Radio Wave Engineering Laboratory

- 건축면적: 376.87m² (114평)
- 연면적: 1,096.87m² (331.8평)
- 건축규모: 지상 3층
- 건축구조: 철근콘크리트조
- 외부마감: 미장 위 수성페인트, 뿜칠도장
- 설계: 종합건축사무소 삼공
- 시공: 한서종합건설; 태아건설산업
- 공사기간: 1992.4-1993.6; 1993.6-9
- 기타: 2013년 가을 철거

10. 풍동실험관 Wind Tunnel Laboratory

- 건축면적: 473.46m² (143.22평)
- 연면적: 580.69m² (175.66평)
- 건축규모: 지상 2층
- 건축구조: 철골조
- 외부마감: 단열패널
- 설계: 종합건축사사무소 삼공
- 시공: 태아건설산업
- 공사기간: 1993.6-9

11. 구조물진동실험관 Structural Dynamic Test Laboratory

- 건축면적: 132.01m² (39.93평)
- 연면적: 132.01m² (39.93평)
- 건축규모: 지상 1층
- 건축구조: 철골조
- 외부마감: 단열패널
- 설계: 종합건축사사무소 삼공
- 시공: 태아건설산업
- 공사기간: 1993.6-9

12. 기초과학관 Korea Basic Science Institute Seoul Branch

- 건축면적: 1,503.41m² (454.78평)
- 연면적: 6,373.71m² (1,928.05평)
- 건축규모: 지상 4층/ 지하 1층
- 건축구조: 철근콘크리트조
- 외부마감: 드라이비트(외단열)
- 설계: 김중업종합건축
- 시공: 삼익건설
- 공사기간: 1992.10-1993.11

13. 제1실험관 Laboratory Building 1

- 건축면적: 468.91m² (141.85평)
- 연면적: 937.82m² (283.69평)
- 건축규모: 지상 2층
- 건축구조: 철골조
- 외부마감: 단열패널
- 설계: 김중업종합건축
- 시공: 태아건설산업
- 공사기간: 1994.3-5

14. 제2실험관 Laboratory Building 2

- 건축면적: 450m² (136.13평)
- 연면적: 956.60m² (289.37평)
- 건축규모: 지상 3층
- 건축구조: 철골조
- 외부마감: 단열패널
- 설계: 김중업종합건축
- 시공: 태아건설산업
- 공사기간: 1994.1-6

15. 제1실험관 부속건물 Laboratory Building 1 Annex

- 건축면적: 314.41㎡ (95.11평)
- 연면적: 628.82㎡ (190.22평)
- 건축규모: 지상 2층
- 건축구조: 철골조
- 외부마감: 단열패널
- 설계: 김중업종합건축
- 시공: 태아건설산업
- 공사기간: 1995.1-3

16. 공학관 College of Engineering Building 1

- 건축면적: 2,590.76㎡ (783.7평)
- 연면적: 18,648.71㎡ (5,641.23평)
- 건축규모: 지상 7층/ 지하 1층
- 건축구조: 철근콘크리트조
- 외부마감: 타일
- 설계: 삼우종합건축
- 시공: 현대건설
- 공사기간: 1994.2-1996.6

17. 산학관 Techno Complex · Research Center

- 건축면적: 2,097.27㎡ (634.42평)
- 연면적: 22,865.93㎡ (6,916.94평)
- 건축규모: 지상 7층/ 지하 3층
- 건축구조: 철근콘크리트조
- 외부마감: 유리커튼월
- 설계: 삼우종합건축
- 시공: 현대건설
- 공사기간: 1994.2-1996.6

18. 아산이학관 College of Science Asan Hall

- 건축면적: 3,092.66m² (935.53평)
- 연면적: 19,740.08m² (5,971.37평)
- 건축규모: 지상 6층/ 지하 1층
- 건축구조: 철근콘크리트조
- 외부마감: 타일; 화강석 버너구이+혹두기 +잔다듬(리모델링)
- 설계: 김중업종합건축; 에이스종합건축(리모델링)
- 시공: 현대건설; 고덕종합건설(리모델링)
- 공사기간: 1994.5-1996.10; 2011.12-2012.6(리모델링)

19. 애기능 생활관 Aegineung Student Center

- 건축면적: 1,927.87m² (583.18평)
- 연면적: 4,431.84m² (1,340.63평)
- 건축규모: 지상 3층
- 건축구조: 철근콘크리트조
- 외부마감: 드라이비트(외단열)
- 설계: 예인그룹
- 시공: LG건설
- 공사기간: 1997.10-1999.3

20. 창의관 Innovation Hall

- 건축면적: 1,660.96m² (502.44평)
- 연면적: 18,178.81m² (5,499.09평)
- 건축규모: 지상 8층/ 지하 3층
- 건축구조: 철근콘크리트조
- 외부마감: 화강석 버너구이, 저반사복층유리
- 설계: 삼우종합건축
- 시공: 삼부토건
- 공사기간: 2001.10-2003.9

21. 생명과학관(동관) College of Life Science & Biotechnology Building (East)

- 건축면적: 1,728.11m² (522.75평)
- 연면적: 6,770.70m² (2,048.14평)
- 건축규모: 지상 4층/ 지하 1층
- 건축구조: 철근콘크리트조
- 외부마감: 화강석 혹두기+판석
- 설계: 내외종합건축
- 시공: 현대산업개발
- 공사기간: 2002.2-2003.9

22. 동물실험실 Animal Laboratory

- 건축면적: 85.29m² (25.8평)
- 연면적: 85.29m² (25.8평)
- 건축규모: 지상 1층
- 건축구조: 철근콘크리트조
- 외부마감: 드라이비트(외단열), 시멘트블록
- 설계: 내외종합건축
- 시공: 현대산업개발
- 공사기간: 2002.2-2003.9

23. 환경실험관 Environmental Engineering Laboratory

- 건축면적: 223.2m² (67.52평)
- 연면적: 868.12m² (262.61평)
- 건축규모: 지상 4층
- 건축구조: 철근콘크리트조
- 외부마감: 드라이비트(외단열), 점토벽돌
- 설계: 공간환경종합건축
- 시공: 포스코건설
- 공사기간: 2001.8-2003.10

24. 하나스퀘어 Hana Square

- 건축면적: 717.49㎡ (217.04평)
- 연면적: 28,154.96㎡ (8,516.88평)
- 건축규모: 지상 1층(공원)/ 지하 3층
- 건축구조: 철근콘크리트조
- 설계: 삼우종합건축+에이스종합건축
- 시공: 두산산업개발
- 공사기간: 2005.1-2006.8
- 기타: 2007년 한국건축문화대상 우수상,
  한국건축가협회상 본상,
  서울시건축상 비주거부문 본상

25. CJ 식품안전관 CJ Food Safety Research Building

- 건축면적: 949.51㎡ (287.23평)
- 연면적: 5,000.49㎡ (1,512.65평)
- 건축규모: 지상 5층/ 지하 1층
- 건축구조: 철근콘크리트조
- 외부마감: 화강석 판석, 유리커튼월
- 설계: 내외종합건축
- 시공: CJ건설
- 공사기간: 2006.9-2008.2

26. 미래융합기술관 International Center for Converging Technology

- 건축면적: 2,333㎡ (705.75평)
- 연면적: 7,665.00㎡ (2,318.66평)
- 건축규모: 지상 6층
- 건축구조: 철근콘크리트조
- 외부마감: 화강석 버너구이, 유리커튼월
- 설계: 코아설계+내외종합건축
- 시공: 자드건설
- 공사기간: 2006.10-2008.8

27. 로봇융합관 Robot Convergence Building

- 건축면적: 725㎡ (219.70평)
- 연면적: 5,057.72㎡ (1,529.96평)
- 건축규모: 지상 7층/ 지하 1층
- 건축구조: 철근콘크리트조
- 외부마감: 화강석 판석, 유리커튼월
- 설계: EPI설계
- 시공: 두산건설
- 공사기간: 2009.11-2011.10

28. 우정정보통신관 Woojung Hall of informatics

- 건축면적: 813.79㎡ (246.60평)
- 연면적: 5,343.55㎡ (1,616.42평)
- 건축규모: 지상 6층/ 지하 1층
- 건축구조: 철근콘크리트조
- 외부마감: 화강석 판석, 유리커튼월, 티타늄아연판
- 설계: 이래종합건축, 종현종합엔지니어링
- 시공: 부영그룹
- 공사기간: 2009.9-2011.11

29. 하나과학관 Hana Science Hall

- 건축면적: 4,023.17㎡ (1,219.14평)
- 연면적: 31,882.64㎡ (9,644.50평)
- 건축규모: 지상 7층/ 지하 2층
- 건축구조: 철근콘크리트조+철골조
- 외부마감: 화강석 판석
- 설계: GNI종합건축
- 시공: 대우건설
- 공사기간: 2013.6-2014.12

30. 미래공학관(공사중)

- 건축면적: 3,059.70m^2 (927평)
- 연면적: 26,447.49m^2 (8,014평)
- 건축규모: 지상 6층/ 지하 4층
- 건축구조: 철근콘크리트조
- 외부마감: 화강석 판석, 유리커튼월, 알루미늄 시스템창호
- 설계: 시아플랜, 해안종합건축
- 시공: 대우건설
- 공사기간: 2013.10-2016.7(예정)

3. 녹지

1. 안암학사1동(A동) Anam Dormitory (A)

- 건축면적: 679㎡ (205.4평)
- 연면적: 4,222.07㎡ (1,277.18평)
- 건축규모: 지상 5층/ 지하 1층
- 건축구조: 철근콘크리트조
- 외부마감: 미장 위 수성페인트, 뿜칠도장
- 설계: 이정덕
- 시공: 우진토건
- 공사기간: 1978.10-1979.12

2. 안암학사2동(B동) Anam Dormitory (B)

- 건축면적: 633.49㎡ (191.63평)
- 연면적: 3,129.64㎡ (946.72평)
- 건축규모: 지상 5층/ 지하 1층
- 건축구조: 철근콘크리트조
- 외부마감: 미장 위 수성페인트, 뿜칠도장
- 설계: 이정덕
- 시공: 우진토건
- 공사기간: 1978.10-1979.12

3. 안암학사 관리동(C동) Anam Dormitory (C)

- 건축면적: 1,068.61㎡ (323.82평)
- 연면적: 2,574.3㎡ (780.09평)
- 건축규모: 지상 3층/ 지하 1층
- 건축구조: 철근콘크리트조
- 외부마감: 미장 위 스톤코트
- 설계: 정림건축; 시아플랜
- 시공: 럭키개발; 현대산업개발
- 공사기간: 1988.12-1989.2; 2010.12-2011.2

4. 안암학사 여학생동(D동) Anam Dormitory (D)

- 건축면적: 635.28㎡ (192.17평)
- 연면적: 3,413.10㎡ (1,032.46평)
- 건축규모: 지상 5층/ 지하 1층
- 건축구조: 철근콘크리트조
- 외부마감: 미장 위 수성페인트, 뿜칠도장
- 설계: 종합건축
- 시공: 두진종합건설
- 공사기간: 1988.5-1989.5

5. 의과대학 제1의학관 Medical Hall 1

- 건축면적: 4,553.8㎡ (1,377.52평)
- 연면적: 15,312.40㎡ (4,632평)
- 건축규모: 지상 6층
- 건축구조: 철근콘크리트조
- 외부마감: 드라이비트(외단열)
- 설계: 선진엔지니어링
- 시공: 현대건설
- 공사기간: 1987.5-1991.7

6. 안암병원(의료원) Anam Hospital

- 건축면적: 10,767.4㎡ (3,257.14평)
- 연면적: 55,396.96㎡ (16,757.58평)
- 건축규모: 지상 8층/ 지하 1층
- 건축구조: 철근콘크리트조
- 외부마감: 드라이비트(외단열)
- 설계: 선진엔지니어링
- 시공: 현대건설
- 공사기간: 1987.5-1991.7

7. 의학도서관 Medical Library

- 건축면적: 938.12㎡ (283.78평)
- 연면적: 3,519.00㎡ (1,064.5평)
- 건축규모: 지상 4층
- 건축구조: 철근콘크리트조
- 외부마감: 변색벽돌, 화강석 판석
- 설계: 선진엔지니어링
- 시공: 현대건설
- 공사기간: 1987.5-1991.7

8. 외국인숙소(E동) International Faculty House (E)

- 건축면적: 994.12㎡ (300.72평)
- 연면적: 3,474.24㎡ (1,050.96평)
- 건축규모: 지상 4층/ 지하 1층
- 건축구조: 철근콘크리트조
- 외부마감: 드라이비트(외단열)
- 설계: 동현종합건축
- 시공: 럭키개발
- 공사기간: 1990.1-1991.11
- 기타: 2015년 초 철거

9. 안암학사 고시동(V동) Anam Dormitory (V)

- 건축면적: 7586.58m^2 (228.87평)
- 연면적: 2,622.17m^2 (793.21평)
- 건축규모: 지상 3층/ 지하 1층
- 건축구조: 철근콘크리트조
- 외부마감: 드라이비트(외단열)
- 설계: 서인 · 서보종합건축
- 시공: 대양건설
- 공사기간: 1994.1-1995.3

10. 차고 · 창고 Garage

- 건축면적: 1,415.68m^2 (428.24평)
- 연면적: 3,894.85m^2 (1,178.19평)
- 건축규모: 지상 4층
- 건축구조: 철근콘크리트조;
경량철골조(증축)
- 외부마감: 미장 위 수성페인트;
ALC패널(증축)
- 설계: 서인 · 서보종합건축; 신화건축
- 시공: 태아건설산업; 태아건설산업
- 공사기간: 1995.2-1996.10;
2001.11

11. 아이스링크 Ice Rink

- 건축면적: 3,868.58m^2 (1,172.30평)
- 연면적: 8,772.23m^2 (2,658.25평)
- 건축규모: 지상 3층
- 건축구조: 철골철근콘크리트조
- 외부마감: 화강석 판석, 티타늄아연판
- 설계: 건원국제건축; 유창건축
- 시공: 강남건경+중앙건설; 유원종합건설
- 공사기간: 1996.6-1998.6;
2011.7-12

12. 한국학관 Korean Studies Hall

- 건축면적: 2,200.33m² (665.6평)
- 연면적: 6,760.85m² (2,045.16평)
- 건축규모: 지상 3층/ 지하 1층
- 건축구조: 철근콘크리트조
- 설계: (주)예그린건축
- 시공: LG건설(주)
- 공사기간: 1997.9-1999.2
- 기타: 한옥양식 차용

13. 생명과학관(녹지) College of Life Science & Biotechnology Building (Green Campus)

- 건축면적: 2,995.83m² (906.24평)
- 연면적: 17,737.16m² (5,365.49평)
- 건축규모: 지상 6층/ 지하 2층
- 건축구조: 철근콘크리트조
- 외부마감: 화강석 판석
- 설계: 건원국제건축
- 시공: 현대건설
- 공사기간: 1997.8-2000.5

14. 안암병원 장례식장 Funeral Hall

- 건축면적: 2,288.09m² (692.15평)
- 연면적: 4,929.65m² (1,491.22평)
- 건축규모: 지상 3층
- 건축구조: 철근콘크리트조
- 외부마감: 화강석 판석
- 설계: 유창건축
- 시공: 삼성물산
- 공사기간: 1999.10-2000.10

15. 학군단 ROTC Building

- 건축면적: 593.77m^2 (179.62평)
- 연면적: 2,004.22m^2 (606.28평)
- 건축규모: 지상 3층/ 지하 1층
- 건축구조: 철근콘크리트조
- 외부마감: 벽돌, 화강석 판석
- 설계: 내외종합건축
- 시공: 포스코건설
- 공사기간: 2001.7-2002.11

16. 체육위원회 · 연수관 Athletic Training Center

- 건축면적: 1,429.41m^2 (432.4평)
- 연면적: 3,305.65m^2 (999.96평)
- 건축규모: 지상 4층/ 지하 1층
- 건축구조: 철근콘크리트조
- 외부마감: 드라이비트(외단열)
- 설계: 건원국제건축
- 시공: 포스코건설
- 공사기간: 2001.7-2003.3

17. CJ 인터내셔널 하우스 CJ International House

- 건축면적: 1,859m^2 (562.35평)
- 연면적: 9,998.16m^2 (3,024.44평)
- 건축규모: 지상 6층/ 지하 1층
- 건축구조: 철근콘크리트조
- 외부마감: 시스템적벽돌, 화강석 판석
- 설계: GNI종합건축
- 시공: 삼성물산
- 공사기간: 2004.1-2005.5

18. 화정체육관 Tiger Dome

- 건축면적: 6,506m² (1,968.07평)
- 연면적: 18,178.79m² (5,499.08평)
- 건축규모: 지상 3층/ 지하 3층
- 건축구조: 철골철근콘크리트조
- 외부마감: 화강석 판석, 유리커튼월
- 설계: 삼우종합건축
- 시공: 삼성물산
- 공사기간: 2004.11-2006.7

19. 프런티어관 Frontier House

- 건축면적: 2,212m² (670평)
- 연면적: 16,193m² (4,907평)
- 건축규모: 지상 7층/ 지하 2층
- 건축구조: 철근콘크리트조
- 외부마감: 화강석 판석
- 설계: 시아플랜
- 시공: 현대산업개발
- 공사기간: 2008.8-2011.2

20. 의과대학 본관 College of Medicine Main Hall

- 건축면적: 1,469.38m² (444.49평)
- 연면적: 22,403.22m² (6,776.97평)
- 건축규모: 지상 7층/ 지하 3층
- 건축구조: 철근콘크리트조+철골조
- 외부마감: 화강석 판석, 노출콘크리트, 복합 패널, 알루미늄쉬트, 투명로이복층유리
- 설계: 정림건축
- 시공: 서희건설
- 공사기간: 2009.9-2012.6

21. 우정간호학관 Woojung College of Nursing

- 건축면적: 1,304m^2 (394.46평)
- 연면적: 5,576.00m^2 (1,686.74평)
- 건축규모: 지상 5층
- 건축구조: 철근콘크리트조+철골조
- 외부마감: 화강석 혹두기+판석
- 설계: 일진종합건축
- 시공: 부영주택
- 공사기간: 2012.6-2013.2

22. 안암 글로벌하우스 Anam Global House

- 건축면적: 1,151,21m^2 (348.24평)
- 연면적: 8,476.56m^2 (2,564.16평)
- 건축규모: 지상 7층/ 지하 1층
- 건축구조: 철근콘크리트조
- 외부마감: 화강석 판석, 유리커튼월
- 설계: 에이스종합건축
- 시공: 고덕종합건설
- 공사기간: 2012.9-2013.9

23. 문숙의학관 Moonsook Medical Science Hall

- 건축면적: 1,521,32m^2 (461.01평)
- 연면적: 8,056.73m^2 (2,441.43평)
- 건축규모: 지상 7층/ 지하 1층
- 건축구조: 철골철근콘크리트조
- 외부마감: 세라믹패널, 화강석 판석
- 설계: 정림종합건축
- 시공: 대우건설
- 공사기간: 2013.2-2014.1

참고문헌

■ **고려대학교 통사**

高麗大學校 六十年誌 編纂委員會.『六十年誌』. 高麗大學校出版部. 1965.

高麗大學校 70年誌 編纂室.『高麗大學校 70年誌: 1905-1975』. 高麗大學校出版部. 1975.

고려대학교 기획처.『寫眞으로 본 高麗大學校 80年』. 고려대학교 기획처. 1985.

高大新聞社.『寫眞·高大學生運動史: 1905-1985』. 高大新聞社. 1987.

고려대학교 90년지 편찬위원회.『高麗大學校 九十年誌: 1905-1995』. 高麗大學校出版部. 1995.

고려대학교 박물관.『90년의 발자취 사진전』. 고려대학교 박물관. 1995.

고려대학교 100년사 편찬위원회.『고려대학교 100년사 I·II·III』. 고려대학교출판부. 2008.

김병관.『100년의 향기, 1000년의 빛』. 학교법인 고려중앙학원. 2005.

普成80年史 編纂委員會.『普成80年史』. 學校法人 東成學園. 1986.

김현섭.「고려대학교의 건축물과 역사 1-19」.『高大校友會報』 527-545호(2014.6-2015.12).

『高大新聞』. 高大新聞社. 1947-2011.

『東亞日報』. 東亞日報社.

■ **인촌 김성수**

仁村紀念會.『仁村 金性洙傳』. 財團法人 仁村紀念會. 1976.

崔時仲 編.『인촌 김성수의 사상과 일화』. 동아일보사. 1985.

洪一植 編.『고려대학의 사람들 3: 김성수』. 高麗大學校 民族文化研究所. 1986.

이현희.『대한민국 부통령 인촌 김성수 연구』. 나남. 2009.

■ 건축가 박동진

朴東鎭.「우리 住宅에 對하야: 第二, 現代建築의 趨勢」.『東亞日報』 3670–3672호(1931.3.17–19).

______.「Granite의 辯: 仁村 金性洙 先生과 나」.『高大新聞』 70호(1955.5.16).

______.「나의 學窓時節 〔…〕 그 後」.『大韓建築學會誌』 19권 65호(1975.8).

尹張燮.「故 朴東鎭 參與理事를 追慕함」.『大韓建築學會誌』 24권 94호(1980.6).

이영범.「민족정신의 건축적 구현: 건축가 박동진의 사상과 작품」.『건축과 환경』 65호(1990.1).

윤인석.「한국의 건축가 박동진」.『건축사』 329호(1996.9).

안창모.「建築家 朴東鎭에 關한 硏究」. 서울대학교 대학원 박사학위논문. 1997.

■ 초기 고딕 석조건축

吳天錫.「石塔野史」.『高友會報』 26호(1972.9.5).

兪鎭午.「養虎記」.『高友會報』 9-25호(1971.4.5-1972.8.5).

______.『養虎記』. 高麗大學校出版部. 1977.

김현섭.「보성전문학교 도서관(1935-37)의 건축적 연원 탐구」.『건축역사연구』 21권 4호(2012.8).

Christopher Hussey. *Oxford: The Colleges and University Buildings*. Country Life LTD. 1932.

Arthur Oswald. *Cambridge: Its Colleges and University Buildings*. Country Life LTD. 1932.

John M. Bryan. *The Campus Guide: Duke University.* Princeton Architectural Press. 2000.

Michael J. Lewis. *The Gothic Revival.* Thames & Hudson. 2002.

■ 이정덕 교수

李廷德.「新築 商大綜合校舍」.『高大新聞』 630號(1972.5.23).

______.「建築의 特性」.『高大新聞』 創刊30周年 特輯號(1977.11.3).

______.「寄宿舍 설계의 方向」.『高大新聞』 801號(1978.3.14).

______.「발전 속의 조화를 갖춘 캠퍼스로」.『高大新聞』 1131號(1991.3.11).

李廷德 敎授 停年記念集 編輯委員會.『李廷德 敎授 業績選』. 高麗大學校 工科大學 建築工學科 校友會. 1999.

建築家 李廷德 敎授 喜壽記念 編輯委員會.『眞理에 비추어』. 高麗大學校 建築科 校友會. 2009.

■ **최근 건축물**

동현건축.「고려대학교 의과대학 부속병원」.『건축문화』125호(1991.10).

________.「인촌기념관」.『건축문화』127호(1991.12).

무영건축.「고려대학교 국제관」.『월간 건축세계』58호(2000.3).

여영호.「고려대학교 타이거플라자」.『건축문화』291호(2005.8).

김상준.「고려대학교 하나스퀘어」.『건축문화』307호(2006.12).

이래건축.「고려대학교 해송법학도서관」.『건축문화』312호(2007.5).

■ **기타**

한국건축가협회.『서울의 건축』. 발언. 1995.

문화재청.『20세기 초 건축물 사진실측 조사 보고서』. 문화재청. 2000.

김동욱.『한국건축의 역사』. 기문당. 2007.

김현섭.「제2공학관을 위한 변명」.『高大新聞』1617호(2009.5.25).

______.「인촌 선생의 비디오카메라와 고대 석탑의 연원」.『高大新聞』1629호(2009.11.23).

고려대학교 건축공학과.『창립20주년기념 건축공학과요람』. 1984.

고려대학교 건축공학과 교우회.『고려대학교 건축공학과 창립30주년 기념집』. 1994.

문화체육부.『舊 朝鮮總督府 建物 實測 및 撤去 報告書』上. 문화체육부. 1997.

서울특별시사편찬위원회.『사진으로 보는 서울 1: 개항 이후 서울의 근대화와 그 시련(1876-1910)』. 서울특별시사편찬위원회. 2002.

藤森照信.『日本の近代建築』上·下. 岩波書店. 1993.

John Penoyre and Michael Ryan. *The Observer's Book of Architecture*. Frederick Warne & Co. 1958.

Dan Cruickshank (ed). *Sir Banister Fletcher's A History of Architecture*(20th edn). Architectural Press. 1996.

David Watkin. *English Architecture*. Thames & Hudson. 2001.

Douglass Shand-Tucci. *The Campus Guide: Harvard University*. Princeton Architectural Press. 2001.

Jay Pridmore. *The Campus Guide: Northwestern University*. Princeton Architectural Press. 2009.

찾아보기

* 찾아보기의 건물명은 현재 건물 공식 명칭을 사용하며, 과거의 건물명이나 별칭은 [ ] 안에 병기하였다.
* 각 건물명 뒤의 기호는 캠퍼스 안내도에서의 건물 위치이다.
* 철거된 건물은 옅은 색으로 표기하였다. 단, 낙원동 교사는 예외이다.(타지로 이전, 고려대학교 소유권 없음)

■ 그림 출처

제1부. 고려대학교 건축사

- 1장 1, 6, 16/ 2장 5, 7(아래 왼쪽), 12–15, 21–22, 24–25, 31–32, 35–36, 39(오른쪽), 40, 42/ 3장 8, 10, 15, 17, 19–20, 22, 23, 26/ 4장 3–4, 8–9, 11–13, 15–16, 18, 20–31/ 5장 1–11, 13–28 ©김현섭
- 1장 2, 21/ 2장 16(왼쪽) 『寫眞 · 高大學生運動史: 1905-1985』(1987)
- 1장 3–5, 7, 15, 18, 20, 22/ 2장 7(위), 20, 23, 28–30, 33/ 3장 3, 24/ 4장 5 고려대학교 박물관
- 1장 8 『日本の近代建築』(藤森照信, 1993)
- 1장 9, 11/ 2장 34, 37/ 3장 9/ 4장 17 인터넷 자료
- 1장 10, 13, 14/ 2장 6(위), 8, 19, 27, 41/ 3장 1, 4, 5, 7, 13(위 오른쪽, 아래)/ 4장 1, 6, 19 『寫眞으로 본 高麗大學校 80年』(1985)
- 1장 12 『普成80年史』(1986)
- 1장 17 『사진으로 보는 서울』(2002)
- 1장 19/ 2장 2, 6(아래) 『仁村 金性洙傳』(1976)
- 2장 1, 3/ 4장 10 『인촌 김성수의 사상과 일화』(1985)
- 2장 4 『大韓建築學會誌』(1980.6)
- 2장 7(아래 오른쪽) 『朝鮮と建築』(1935.9)
- 2장 9(위) *Oxford: The Colleges and University Buildings*(1932)
- 2장 9(아래) *Cambridge: Its Colleges and University Buildings*(1932)
- 2장 10 『舊 朝鮮總督府 建物 實測 및 撤去 報告書』(1997)
- 2장 11 *Sir Banister Fletcher's A History of Architecture*(1996)
- 2장 16(오른쪽), 17 『東亞日報』
- 2장 18, 26 『보성전문학교일람』(1936)
- 2장 38 Duke University Archives
- 2장 39(왼쪽) 황보봉
- 2장 43 한국건축가협회
- 3장 2 『眞理에 비추어』(2009)
- 3장 6, 21 『창립20주년기념 건축공학과요람』(1984)
- 3장 11–12/ 4장 2 『高大新聞』
- 3장 13(위 왼쪽) 『高麗大學校 九十年誌』(1995)
- 3장 14, 18 『李廷德 敎授 業績選』(1999)
- 3장 16, 25 『1999년도 고려대학교 졸업앨범』
- 4장 7 『건축문화』(1991.10)
- 4장 14 『고려대학교 건축공학과 창립30주년 기념집』(1994)
- 5장 12 에이스종합건축

제2부. 고려대학교 건축물 일람 (서울 안암 캠퍼스)

- 2장 29, 30(하나과학관 및 미래공학관 조감도) 고려대학교 시설부
- 모든 사진 © 김현섭

김현섭

고려대학교 건축학과 교수

고려대학교 건축공학과를 졸업하고, 대한민국 정부장학생으로 선발되어 영국 셰필드대학교 건축학과에서 공부했다. 2005년 핀란드 근대건축가 알바 알토에 관한 연구로 박사학위를 받았으며, 영국의 AHRC(Arts & Humanities Research Council) 연구비를 수주하여 이후 2년 동안 동 대학에서 동서양건축 교류에 관해 연구했다. 그간 일본 건설성 건축연구소(BRI)와 핀란드의 알바 알토 아카데미 및 헬싱키대학교 예술사학과에서 객원연구원으로 연구한 바 있다. 2008년 3월 모교인 고려대학교에 부임한 이래 현재까지 건축역사, 이론, 비평에 관한 교육과 연구에 임하고 있으며, 연구 성과는 우리나라뿐만 아니라 핀란드, 영국, 일본, 대만, 미국을 비롯한 여러 나라에 논문과 단행본 등의 형태로 출판되었다. 최근에는 일본의 현대건축가 후지모리 테루노부의 탈종말론적 건축에 관한 연구로 2014-2015년도 하버드대학교 옌칭연구소 방문학자로 선정되어 연구년을 보내고 돌아왔다. 현재 한국건축역사학회 이사, 대한건축학회 논문편집위원, 《SPACE Academia》 편집위원, 《건축평단》 편집위원 등으로도 활동 중이다.

고려대학교의 건축

초판발행 1쇄	2016년 5월 4일
지은이	김현섭
펴낸곳	고려대학교출판문화원 www.kupress.com kupress@korea.ac.kr 02841 서울특별시 성북구 안암로 145 02-3290-4230, 4232 Fax 923-6311
찍은곳	한국컴퓨터인쇄정보

ISBN 978-89-7641-897-5 03540

값 25,000원

* 잘못 만들어진 책은 바꿔드립니다.